# 幼犬教養事典

你可以教小狗做的事完全秘笈大公開！

謝旻莉◎撰文／攝影

晨星出版

# 寵物與飼主之福

台灣獸醫骨科醫學會 理事長
高雄市惠光家畜醫院 院 長
黃文騫

謝旻莉醫師是我在「台灣獸醫骨科醫學會」，「九十三年度小動物骨折內部固定技術課程」認識的年輕一代的優秀獸醫師，她不但很認眞的充實小動物臨床專業知識和技術，而且對於寵物的行爲學也非常深入的研究，由於她對台灣社會敏銳的觀察力，針對台灣社會畜主的需要性，特別爲喜歡寵物族群，精心收集資訊和編寫最新、最實用的幼犬教養寶典。內容實用、用字簡潔有力、容易瞭解與吸收。本書不但是寵物主人的葵花寶典，也將會成爲小動物臨床醫師很重要的客戶教育參考書籍，對教養寵物的貢獻功不可沒，本書將會暢銷和人手一冊，造成文化界的轟動和民眾搶購的盛況。

本人從事小動物臨床診療工作二十幾年來，深深體會很多民眾想養寵物，但是對於如何選擇、教育、飼養、寵物的常識，普遍性的缺乏。正確資訊的來源稍嫌混亂，謝醫師此次竭盡心力，將各犬種相關的特性、飼養管理、衛生保健和訓練方法，做圖文並茂很完整的編寫，是一件費時又費力的繁雜工作，最難能可貴的是幼犬行爲學的知識，不但做理論上的詳細說明，並列舉許多台灣實際案例，提供讀者最實用和最具參考的資訊，相信值得您重複閱讀和珍藏、愛動物、會飼養動物和了解動物，才能從飼養動物中得到快樂，本書的出版將是寵物和畜主之福。

我非常榮幸應邀爲本書寫序，很誠懇的向大家推薦這本極具閱讀價値的重要書籍，相信閱讀本書，一定會讓您獲益良多。

# 認眞的獸醫師

台南市育犬協會理事長　林華韋

德國牧羊犬（狼犬）專門「巴塞隆納」犬舍負責人

當我拿到這本書時，我認眞地、仔細地讀完它的每一章節，因爲我知道，這是一本出自一位非常認眞的獸醫師之筆。謝醫師是一位非常有想法的獸醫師，在她的觀念裡，飼主的飼養及教育寵物的態度，遠比寵物接受怎樣的外來專業嚴格訓練來的重要。近年來在台灣飼養寵物日漸流行，爲了讓飼主與寵物有更多歡樂生活時光，她認爲了解寵物訓練的基本技巧是必要的，於是特地自費前往美國俄亥俄州非常有名的犬訓練學校（National K-9 Dog Training School U.S.A）學習訓練動物行爲，也成爲第一位擁有該校結業證書及犬訓練師執照的台灣獸醫師。對於飼主的飼養態度，她總是強調，當狗兒有嚴重行爲偏差（例如長期亂咬東西、咬人、狂吠、隨地大小便等等）或是飼主有特殊需求時，是可以接受專業犬訓練的。但是，在您將接受訓練後的狗兒帶回家時，飼主的訓練工作也正式開始，如何讓您的狗兒成爲眞正有教養的狗，關鍵在於您與牠日後的相處，是否能將訓練的工作延續下去。

仔細的讀完這本書，可以很容易地讓想養狗的讀者們清楚知道，什麼樣的狗適合自己的生活環境、生活習慣，或者，您是否眞的適合養狗。您的寵物即將要與您相伴多年，在決定擁有寵物之前，更要知道，牠即將爲您的生活帶來一些變化，您的生活不再只是上班工作、下班休息，您的記事本上可能會多出很多事情，例如：蹓狗、狗兒打預防針、定期心蝨蟲藥餵食、狗兒洗澡、帶狗兒出遊等等，清楚的了解養狗這回事，而不能只是因爲「小狗很可愛」而一時衝動，這樣的結果，總是會讓人捏一把冷汗。

有人說，養狗跟養小孩一樣，一定要教。尤其是大型犬的飼主更要注意。例如拉布拉多犬、黃金獵犬、德國狼犬、獒犬、牧羊犬等長大後體型較大的犬隻，在幼犬時的教導更是重要。最基本的要求是，飼主必須要能在任何情況下，輕易地控制住您的愛犬，尤其是攻擊性較大或是較敏感的犬類，如果缺乏與人類的良性互動，又沒有適當的教養，往往會在陌生環境或是見到陌生朋友時，可能會因爲害怕緊張而去攻擊人或狗，或因爲到處逃竄而導致自己受傷。這本書裡，清楚的介紹如何讓您的狗兒在幼犬時，不只要順利的適應您的生活，還要有足夠能力去適應這個多元的社會，也就是謝醫師提到的「幼犬社會化」，值得您細心去體會狗兒適應環境的重要性。

如您讀完這本書並照著書上內容試著做看看，相信您與您的寶貝愛犬一定可以共度美好的歡樂時光！

# 一路走來的過程

謝旻莉

在學校裡有教授動物行爲這門科目，但是狗行爲卻不在討論範圍。會讓我付出行動去了解狗行爲這門科目的導火線是我的狗「恰恰」。

九十二年的五月五日，有一個年輕男孩子帶了「恰恰」來看診，當時牠只是耳朵輕微的發炎；我利用等待領藥的時間開始和主人聊天。這個主人，是另外一位養貓的主人介紹而來的，然而他也不是「恰恰」的原始主人，牠的原始主人將牠花錢買回，但是後來因爲工作忙碌，就把狗託給朋友養，這朋友就是帶牠來看診的主人；但是問題又來了：恰恰是拉不拉多犬、體重三十公斤、活動力超強，所以這主人也沒有辦法長期收養牠，於是找了朋友約六、七人，每人負責照顧恰恰兩星期。所以在恰恰遇到我之前，牠幾乎過著有主人、有屋簷的流浪生活。

因爲恰恰來看診的時候，始終趴在地上，我想牠應該很乖。我告訴主人，如果你們眞的沒辦法養牠，而且願意割愛的話，就把恰恰讓給我來飼養。主人告訴我，他要回去和其他人商量。沒想到，隔天晚上，恰恰再度來訪，也正式成爲我們的一員。

我總是鼓勵主人讓狗結紮，不僅可以預防疾病的發生，也可以讓狗的數目不再無限制的上升。因爲家中狗的數目上升，主人不僅要承受經濟的壓力，也要承受狗的行爲壓力，間接影響狗的生活品質。此外，想養狗不一定要用買的，只要對狗有心、和狗有緣份，即便是純種狗都可以領養，把買狗的錢拿來給狗作預防注射、健康檢查、教育訓練，可以減輕主人一開始養狗的經濟壓力，也可以和狗的情感更密切。很多主人告訴我，狗一定要從幼犬開始養，狗才會聽話、才會乖。而我卻認爲，狗會乖，會聽話是經過主人耐心的教育，而不是年齡的問題。

「恰恰」剛來時眞是桀驁不馴，你可以想得到的壞習慣牠幾乎都有，且那時候牠已經一歲。我們忍受了半年的時間，我決定馴服牠；又花了半年的時間，牠終於有一點狗模狗樣，現在很多人看到牠就會對自已的狗搖頭。我常常回頭想，因爲牠至少要和我相處十年的時間，所以我不想把自已的生活搞得一團亂；我也不想讓牠成爲人見人討厭的狗。牠接受訓練之後，不只我愛牠，周遭的人也愛牠，牠的生活比受訓前更幸福。我用我的行動驗證了以上的觀念，而且和牠快樂相處直到現在。

小動物獸醫師在臨床上常常會碰到一些意外發生。這些意外可能來自狗本身的攻擊性、也可能來自動物的無知或主人的教養不當所造成。

三個月前，一隻拉不拉多犬和主人出遊去釣魚，不只吃了主人的魚餌，連魚鉤也一併吞下肚。一個月前，一隻馬爾濟斯，到醫院時不停轉圈圈，還不時口吐白沫，意識渙散，原來是在家裡搗蛋時，被主人用拖鞋打頭。上週有一隻狗送來時，全身肌肉抽搐，口水直流，全身溼答答，身上還散發一種特有的味道，原來是主人用「牛豬安」（一種毒性極強的除蚤藥）幫狗泡澡。連續幾週以來，每週都有一隻狗因爲打架而到醫院進行外傷縫合；昨天有一位粗獷的男主人，抱進來一隻血流滿面的公狗，在血淋淋中依稀可見別隻狗的齒痕。今天一早，一個男主人用紙箱帶來一隻車禍的狗，骨盆腔破裂，伴隨輕微腦震盪。下午，有一隻狗送進來時，牠的臉腫得像豬頭，我幾乎認不得那是一隻狗，原來是主人吃泡麵時，狗也一起吃了。今天晚上，送來一隻450公克的吉娃娃，全身軟趴趴，還微微抽搐，原來是主人一天只餵牠兩餐。

我們每天都處理大大小小的意外事故，看起來是意外，但仔細想想，大多數是可以事先預防或避免的。這本書的觀念是：不論你的狗年齡多大都可以適用，書中提到的方法較適用於四月齡以下的幼犬，如果你的狗已經超過四月齡或是書中的方法不適用的話，就應該對狗施於基本服從訓練，等狗有一定服從程度後，再回頭貫徹書中的觀念和方法。希望這一本書可以增加大家本來沒有的觀念；也可以和既有的觀念作徹底的溝通。小動物的飼養和教育的觀念提昇了，主人可以眞正體會到動物的愛和體貼；獸醫師也會有更多的時間可以充實新的醫療技術和知識，提供更完善的醫療品質，這是我最大的目的和期望。

這本書終於要出版了，有許多朋友不斷地鼓勵我、幫助我，也在此謝謝一路走來始終如一的朋友們。當然，如果書中有不夠完備的地方，希望大家包涵，也希望不吝給予指教。

# 幼犬教養事典

## 目錄

Part1

# 養狗前的自我評估

# 寫在前面

這本書主要是提供四月齡以下幼犬的教養方式。現代人的養狗觀念和以前人有莫大的差異。以往用打、罵的方式來教養，不但增加動物的恐懼，也得不到我們想要的結果，反而製造了不少犬隻的問題行爲，徒增主人的困擾；隨著動物保護的意識高漲，動物權也逐漸受到重視，我們要如何用最適當的方式，也就是最接近原本自然且有效的方式來教育狗兒子和狗女兒，是狗主人最迫切需要的。此外我們也應該了解，對狗的教養不能只出於一時覺得牠們很可愛而輕率飼養，要能體認到那是要付出相當的時間、金錢和耐心的。還沒養狗的主人，可以評估自己的能力是否可以勝任；已經養狗的主人，也希望這本書可以幫你們找到一些疑問的答案，也希望自己的愛犬因爲有教養而受到大家的喜愛，主人也因爲有愛犬的陪伴，讓生活更增加美麗的色彩。

Part1

# 養狗前的自我評估

一、**經濟能力**：飼養一隻狗最基本的花費有：買狗的費用，寵物飼料、用品；各種預防針、預防藥和因爲生病而負擔的醫療費，動物的教育訓練費，這些都是必要的開銷。先評估自已是否有能力和責任要和愛犬共度十年以上的日子，以免一時的衝動，最後落得自已傷心又多了社會問題。

二、**生活型態和飼養心態**：狗會從幼犬長大變爲成犬，但是牠卻像小孩子一樣永遠需要主人的照顧。尤其是在幼犬的階段，更需要主人付出許多的心力，牠才能成爲理想中的寵物，否則常常因爲主人生活繁忙及疏忽而錯過教養的黃金時期，衍生出許多讓主人頭痛的行爲問題。但是別忘記了，寵物要和你相處的時間絕不是只有一、二天，而是以年來計算的。此外，不同的品種適合不同個性和生活環境的主人。所以養狗前應多作功課，了解自已是否適合養狗，而且該養何種品種的狗才適合你，免得後悔莫及。

如果通過以上兩項的自我評估，你已經決定要養狗了，接下來就要了解你需要爲愛犬所作的付出，而你將得到的是，不論在悲傷或快樂的時候都有忠心陪伴的夥伴。

## 選擇適合自己的幼犬
### —品種、性格

本節列出台灣目前常見之純種犬，其分類根據美國育犬俱樂部（The American Kennel Club，AKC）之分類標準來區分。

「純種犬」是根據人類所制定的標準來判定，判定範圍包括狗的外型（體型大小、被毛的質地顏色、外型長相…等等）和個性（膽小與否、是否有攻擊性…等等）。這些純種犬在比賽的時候，審查員會根據協會訂定的標準來進行評比，但如果外型（例如：柯基犬的耳朵下垂；白色的德國狼犬）或個性（例如：拉不拉多犬具有攻擊性；喜樂蒂很膽小、會發抖）不符合標準，會馬上判

定失格，而失去參與比賽的資格。

然而非比賽純種犬在外型上可能沒有比賽犬來得標準，個性的差異性也相差極大，可是應該也可以從外型來辨認出是何種純種犬。

不論你飼養的是純種犬或是混種犬，都可以藉由好的教養來顯現愛犬的無限價值。

## 1. 運動型 (Sporting group)

主要用來搜尋、拾回獵物（水鳥、水鴨），大多是很好的家庭犬，充滿熱情、活力、友善，個性溫馴，較不強勢；具有強而有力的叫聲。

拉不拉多犬
(Labrador retriever)

原產地：加拿大
體型高度（吋）：
公：22.5—24.5 母：21.5—23.5
重量（磅）：
公：65—80 母：55—70
顏色：黑色：全身純黑，黃色：較深的紅褐色至較淺乳黃色，巧克力色：有深淺的差異。
特性：聰明、善良、外向、無限的精力，無攻擊性。

黃金獵犬
(Golden retriever)

原產地：英國（英格蘭、愛爾蘭）
體型高度（吋）：
公：23—24 母：21.5—22.5
重量（磅）：
公：65—75 母：55—65
顏色：具有光澤的金黃色、可能深淺會因個體而有些微差異。
性格：特性友善、可被信任、活力十足。

威瑪獵犬
(Weimaraner)

原產地：德國
體型高度（吋）：
公：25—27 母：23—25
重量（磅）：
公：70—85 母：50—70
顏色：鼠灰色至銀灰色。
特性：友善、無限的體力、可能很固執。

愛爾蘭雪達犬
(Irish setter)

原產地：英國（愛爾蘭）
體型高度（吋）：
公：27 母：25
重量(磅)：
公：70 母：60
顏色：紅褐色或栗色。
性格：外向、愛玩，個性快樂

美國可卡犬
(American cocker spaniel)

原產地：美國
體型高度（吋）：
公：15 母：14
重量（磅）：
公：25-28 母：22-25
顏色：全黑色：單色但有深淺之分，如淺奶油色到深紅色；兩種或兩種顏色以上，但以白色為主，如黑白、紅白。
性格：活潑、外向、喜玩樂。

## 2.獵犬型(Hounds)

所有的狗都有特好的嗅覺；個性獨立，不強勢，較不佔地盤，適合戶外活動者，具有非常強烈的追逐本能。

臘腸狗
(Dachshund)

原產地：德國
體型高度（吋）：
13—15
重量（磅）：

迷你型：<11 標準型：16-32
顏色：有單色；雙色；雙色以上的斑紋樣。分為短毛、長毛及剛毛
性格：聰明、精力充沛、嗅覺靈敏、不害羞。

巴吉度
(Basset hound)

原產地：英國
體型高度（吋）：
<14
重量（磅）：
40—80
顏色：三色：黑、白和棕褐色；雙色：白色、淡黃色
特性：沒有攻擊性、意志堅強、固執。

米格魯
(Beagle)

原產地：英國
體型高度（吋）：
13—15
重量（磅）：
16—30
顏色：三色：黑、白和褐色
性格：說牠是過動兒不為過，勇敢又聰明。

## 3.工作型(Working dogs)

警覺性高，有勇氣又忠心；個性強悍、強勢、具保護性格，地域性強；工作認真，而且從工作中獲得滿足與自信

紐芬蘭犬
(Newfoundland)

原產地：加拿大
體型高度（吋）：
公：28 母：26
重量（磅）：
公：130—150 母：100—120
顏色：黑色，棕色，灰色，白色底帶有黑色斑
特性：個性溫馴友善。

大杜賓狗
(Doberman pinscher)

原產地：德國
體型高度（吋）：
公：26—28 母：24—26
重量（磅）：
60—85
顏色：黑色或棕色，帶有棕褐色的斑紋
特性：有活力，戒心強，警覺性夠，忠心、服從、不畏懼。

拳師狗
(Boxer)

原產地：德國
體型高度（吋）：
公：22.5—25 母：21—23.5
重量（磅）：
公：65—80 母：50—65
顏色：有顏色條紋或斑紋，以白色的斑紋
性格：警覺性高、自信心強；喜歡和家人、朋友玩耍，很忠心，對小孩很有耐心；面對陌生人很勇敢且保持警戒。

伯恩山犬
(Bernese mountain dog)

原產地：瑞士
體型高度（吋）：
公：25—27.5 母：23—26
重量（磅）：
75—120
顏色：三色：底色是烏黑的，有白色和褐色的斑紋
性格：有自信、不害羞，警覺性高，對主人熱情，對陌生人較冷漠。

西伯利亞哈士奇犬
(Siberian Husky)

原產地：北美
體型高度（吋）：
公：21—23.5 母：20—22
重量（磅）：
公：45—60 母：35—50
顏色：從全黑到純白都有。臉上有獨特的斑紋。
特性：友善、活潑、喜好追逐。和其他護衛犬比較不具保護性格，對陌生人的警戒心較低，攻擊性也較少。

羅威那
(Rottweiler)

原產地：德國
體型高度（吋）：
公：24—27 母：22—25
重量（磅）：
公：95—135 母：80—100
顏色：黑色帶有赤褐的斑紋
性格：天性冷靜、勇敢有自信；喜歡工作；會保護家人和家。

大型雪納瑞
(Giant schnauzer)

原產地：德國
體型高度（吋）：
公：25.5—27.5 母：23.5—25.5
重量（磅）：
公：80—95 母：65—80
顏色：黑色或胡椒色
性格：保護性格強，工作認真，活力十足，不害羞。

薩摩耶
(Samoyed)

原產地：北歐
體型高度（吋）：
公：21-23.5 母：19-21
重量（磅）：
公：50—65 母：38—50
顏色：白色或乳白色
性格：精力十足、個性活潑；獨立、冷靜、自信心強。

## 4. 敏捷型 (Terriers)

名稱來自於：go to ground（鑽地洞），喜好追逐、捕捉地洞的鼠類。個性活躍、愛爭吵，一副很忙碌的樣子；好奇心強，充滿自信，具強勢作風。

牛頭梗
(Bull terrier)

原產地：英國
體型高度（吋）：
無限制
重量（磅）：
30—65
顏色：白色：底色為白色，只在頭部有斑，也許身上有少許色素沈澱。其他顏色：其他顏色在身上和頭都超過白色的比例。
特性：個性衝動、勇氣十足。

西高地白梗
(west highland white terrier)

原產地：英國（蘇格蘭）
體型高度（吋）：
公：11 母：10
重量（磅）：
公：15-20 母：13-18
顏色：純白色
特性：警覺性強，快樂、有信心、友善。

迷你雪那瑞
(Miniature schnauzer)

原產地：德國
體型高度（吋）：
12—14
重量（磅）：
13—20
顏色：黑色或椒椒鹽色
性格：警覺性強，有精神、友善、聰明；但不害羞，不具強烈攻擊性。

# 5.玩賞犬(Toys)

屬於高貴的伴侶動物，個性差異性大，大致上是可愛的，喜歡被擁抱的，愛玩的，容易生氣的；有一些很膽小，很容受到驚嚇。大部份會用叫聲來提醒、警告主人。

吉娃娃（長毛、短毛）
（Chihuahua）

原產地：墨西哥
體型高度（吋）：

重量（磅）：
<6
顏色：所有的顏色都可以接受
特性：警覺性高、個性較傾向梗犬。

迷你品
（Miniature pinture）

原產地：德國
體型高度（吋）：
10—12.5
重量（磅）：

顏色：黑色且在特定部位帶有鏽紅色的斑；純棕紅色
性格：精神奕奕，自我保護意識強。

博美狗
（Pomeranian）

原產地：冰島
體型高度（吋）：

重量（磅）：
3-7
顏色：所有的顏色都可以接受。
特性：個性活潑外向，聰明伶俐。

馬爾濟斯
（Maltese）

原產地：馬爾他（歐洲島國）
體型高度（吋）：

重量（磅）：
<7
顏色：純白色
性格：溫和、愛玩有活力。

國王查理士犬
（Cavalier King Charles Spaniel）

原產地：英國
體型高度（吋）：
12—13
重量（磅）：
13—18
顏色：白色底，帶有黑色、栗色、寶紅色或棕色的斑
性格：快樂、友善，不會緊張或害羞。

北京狗
（獅子狗）（Pekingese）

原產地：中國
體型高度（吋）：

重量（磅）：
14
顏色：所有顏色都可以接受
性格：有威嚴的樣子，自信心強，個性頑固。

巴哥
（pug）

原產地：中國（西藏）
體型高度（吋）：
10-11
重量（磅）：
14-18
顏色：杏黃色、黑色
性格：個性溫和、穩定性高，好玩、外向、親近人。

貴賓狗
( Toy poodle)

原產地：德國
體型高度（吋）：
<10
重量（磅）：

顏色：奶油色、杏黃色、白色、藍色、銀色、灰色、棕色；不可有斑
性格：聰明、學習力強。

西施犬
（shih tzu）

原產地：中國（西藏）
體型高度（吋）：
9—10.5
重量（磅）：
9—16
顏色：所有的顏色都可以接受。
特性：外向、快樂、令人憐愛、友善、值得信任。

約克夏
(Yorkshire terrier)

原產地：英國
體型高度（吋）：
9—10.5
重量（磅）：
<7
顏色：深鐵藍色和棕色
性格：活潑有自信。

## 6.非運動型 (Non sporting)

沒有特定的原因而被育種下來，每種狗的天性都不盡相同，包括體型，外表、個性和用途。

英國鬥牛犬
(bulldog)

原產地：英國
體型高度(吋)：

重量(磅)：
公：50 母：40
顏色：純白或有紅棕色的條紋、斑塊。
特性：友善、愛好和平、有尊嚴；不具暴力傾向。

波士頓梗
(Boston terrier)

原產地：美國
體型高度（吋）：

重量（磅）：
<15 15-20 20-25
顏色：黑色帶有白色的條紋或斑
性格：友善、活潑、聰明。

貴賓犬（小型、標準）
（miniature、standard poodle）

原產地：德國
體型高度（吋）：
小型：10—15 標準：>15
重量（磅）：
小型：12—20
標準：50—80（公）、40—65（母）
顏色：奶油色、杏黃色、白色、藍色、銀色、灰色、棕色：不可以有斑。
特性：聰明、學習力強。

鬆獅犬
(chow chow)

原產地：中國
體型高度（吋）：
17—20
重量（磅）：
公：60—75 母：50—65
顏色：金黃色、奶油色、赤楊色、黑色、藍色
性格：非常聰明，個性獨立、冷漠，尤其對陌生人。

法國鬥牛犬
(French bulldog)

原產地：法國
體型高度（吋）：
11—14
重量（磅）：
<28
顏色：身上有斑紋或條紋
性格：警覺性高、愛玩、活潑、適應力強。

## 7.牧羊犬型(Herding dogs)

充滿活力、動作迅速、忠心，地域性強，天生是戶外活動者，強烈的追逐天性，叫聲強而有力，而且把吠叫當成工作的一部份。

柴犬
(Shiba inu)

原產地：日本
體型高度（吋）：
公：14.5—16.5 母：13.5—15.5
重量（磅）：
公：23 母：17
顏色：白色至奶油色；橘黃色；黑色
性格：敏銳的警覺性。

比利時狼犬
(Belgian malinois)

原產地：比利時
體型高度（吋）：
公：24—26 母：22—24
重量（磅）：

顏色：黃楬色或紅楬色。
特性：自信心強，喜歡工作，忠心；對主人及財產的保護力強。

Collie (長毛、短毛)

原產地：英國
體型高度（吋）：
公：24—26 母：22—24
重量（磅）：
公：60—75 母：50—65
顏色：四種公認色系：黃楬色和白色；三色；藍灰色；白色
性格：反應快、行動力強、動作輕盈；智商高。

德國狼犬
(German shepherd dog)

原產地：德國
體型高度（吋）：
公：24—26 母：22—24
重量（磅）：
公：75—95 母：60—70
顏色：大部份的顏色均可接受；但不能是白色。
特性：勇敢、有自信。

## 8. 其他

台灣狗，還沒有被美國畜犬協會列爲比賽純種犬，但國內已有許多愛好台灣犬的人，且在國內畜犬比賽中大量出現，並在二〇〇四年11月9日被國際世畀畜犬聯盟列爲國際認可之純種犬。

喜樂蒂
(Shetland sheepdog)

原產地：英國
體型高度（吋）：
13—16
重量（磅）：

顏色：黑色、藍灰色、灰色
性格：忠心、溫柔；不能有害羞、害怕、緊張、固執、壞脾氣。

英國老式牧羊犬
(Old English sheepdog)

原產地：英國
體型高度（吋）：
公：22 母：21
重量（磅）：
70—100
顏色：灰色、藍灰色帶有白色
性格：聰明、適應力強；不可有攻擊性、害羞或緊張。

台灣狗
(Taiwan dog)

原產地：台灣
體型高度（吋）：
公：48—52 母：43—47
重量（磅）：
公：14—18 母：12—16
顏色：黑色、虎斑色、赤色、白色、黑白花色、赤白花色。
特性：忠心、敏捷、機警且勇敢不畏懼。

邊境牧羊犬
(Border collie)

原產地：英國
體型高度（吋）：
公：19—22 母：18—21
重量（磅）：
33—44
顏色：很多顏色都可以接受；最常見的是黑色，在臉上、頸圍、腳、尾巴末端有白色。
性格：聰明、警覺性高、反應靈敏；不可展現害羞、膽小。

柯基犬
(Cardigan welsh corgi)

原產地：英國
體型高度（吋）：
10.5—12.5
重量（磅）：
公：30—38 母：25—34
顏色：黑色、黃榪色、藍灰色帶有斑紋；胸前通常是白色。
性格：忠心、適應力強、個性良好；不可展現害羞、膽小。

## 幼犬性格測試
## (puppy temperament testing)

即便是同一品種的狗或是同一對父母生出來的幼犬，其先天的性格上，必定有不等程度的差異性。所以幼犬性格測試的目的是讓有經驗的訓練師來爲想養狗的主人挑選適合的狗，爲狗和主人做適當的配對。在幼犬45至52日齡時（七週齡最適合）進行，這時候幼犬的感官，大致發育完成，對環境開始產生記憶，所以可以在受到後天教育的影響前找出最接近先天、也就是基因所遺傳的眞正性格。在經過挑選後，可以讓主人利用四月齡前做適當的社會化。每項測試是獨立的，逐一完成每項測試後，再綜合評估幼犬的性格，以適合不同的用途和目的。

**測試項目**：在進行測試前，要將幼犬和父母分開，並且作記號以辨識。

**一．接近(approach)**：把所有的幼犬聚集在一個牠們熟悉的環境，你是一個陌生人，慢慢接這牠們，觀察幼犬間以及幼犬和你之間的互動，包括：強勢、沒精神、害怕、沒興趣……等。然後逐一帶到陌生的環境，繼續完成其他的項目。在帶到陌生環境的過程要蓋住幼犬的眼精，並觀察幼犬是否有自信。

**二．社會化教育的接受性(social acceptance)**：把幼犬放在地面上，你離開幼犬幾步後，蹲下來叫puppy～puppy，反應可能差別很大，有可是搖著尾巴，往你的方向跑去，也

有可能完全不前進一步。除了觀察外，還要試著了解，幼犬跑向你的原因，有可能是因爲想玩，也有可能是因爲害怕而想找依靠；如果牠不來，是因爲被別的東西分心，還是害怕的在發抖，還是對你根本沒興趣。這個測試可以反應幼犬是否有興趣和人互動，可以和第五項一起作完整的考量。

**三．跟隨(following)**：走離開幼犬，拍自已的大腿外側，並呼喚：puppy～puppy，有的可能會一直靠著你的腳（沒安全感），也可能咬你的褲管（強勢），也可能你愈叫牠，牠愈往你反方你跑（獨立性強），這是另一個可以反應幼犬是否有興趣和人互動的測試，並可以評估幼犬的依賴性。

**四.保定(restraint)**:把幼犬反過來肚子朝上,用適當的力量把幼犬保定,記錄幼犬掙扎的時間從開始到結束。理論上所有的幼犬都會掙扎,但是何時間時,持續多久,停了多久後又會開始第二次,會重複幾次都不盡相同。第一次掙扎結束後,等待第二次掙扎,直到幼犬放鬆後釋放牠。這個測試反應幼犬可能的強勢程度,也反應幼犬是否可以接受人類主導的程度。5—10秒掙扎代表幼犬喜歡和人類一起工作;10—20秒掙扎代表幼犬很活潑,而且有一點強勢;如果在測試中,幼犬出現咬人的動作,還要看掙扎的時間,來看看幼犬只是虛張聲勢,還是眞的有攻擊的傾向。在測試中還要注意幼犬的心跳速度,心速愈快,

表示牠愈害怕。完成第4項，之後一定要接第5項來測驗。

**五. 原諒(forgiveness)**：緊接在第4項之後，放開幼犬後，你後退約5呎，跪在地上，用你所有的熱情呼叫幼犬，這個測試和第2項比較，可以看出幼犬對由人類主導的反應，也可以看出幼犬的可訓練度。幼犬如果不原諒你，在訓練中可能發生，因爲被糾正後而生氣，造成訓練的困難和複雜。

## 帶幼犬回家前的準備

先幫愛犬在家中安靜的角落準備一個窩，最好是狗籠，狗籠內可以鋪上軟墊以提供幼犬一個安全舒適的環境。幼犬可以在狗籠中睡覺、吃飯；主人不在時，可以把幼犬放在狗籠中，才不會因爲亂咬亂玩而惹來麻煩。當然，幼犬的飼料碗和飲水器不可少。至於幼犬所吃的食物應以原來的爲主，如果想更換飼料品牌，要在原來食物中加入少量新的飼料，慢慢增加新飼料的量，減少舊飼料，以至少一星期的時間來更新飼料，才不致引起食物不耐、腸胃不適的問題。並移開任何會讓幼犬受傷的東西，不要讓狗狗在狗籠中戴項圈，以免項圈勾到而發生意外。

# Part2 關於幼犬的健康

Part 2

# 關於幼犬的健康

不論你是買來的幼犬或是領養的，幼犬的健康問題是第一個要注意的。幼犬的飼養環境應乾淨，幼犬的外表：眼睛要明亮沒有多餘的分泌物；鼻子要微濕潤而且沒有鼻水或鼻膿；耳朵看起來乾淨沒有多餘的分泌物或異味產生；皮毛乾淨沒有皮屑以及其他外寄生蟲。

幼犬吃母犬奶時，從母犬奶中得到了疾病的抗體，但是隨離乳的時間越長，幼犬體內的抗體也就越來越少，所以帶回幼犬的24小時內應帶幼犬接受獸醫師專業的身體檢查。如果沒辦法，也應在一星期內儘速前往。

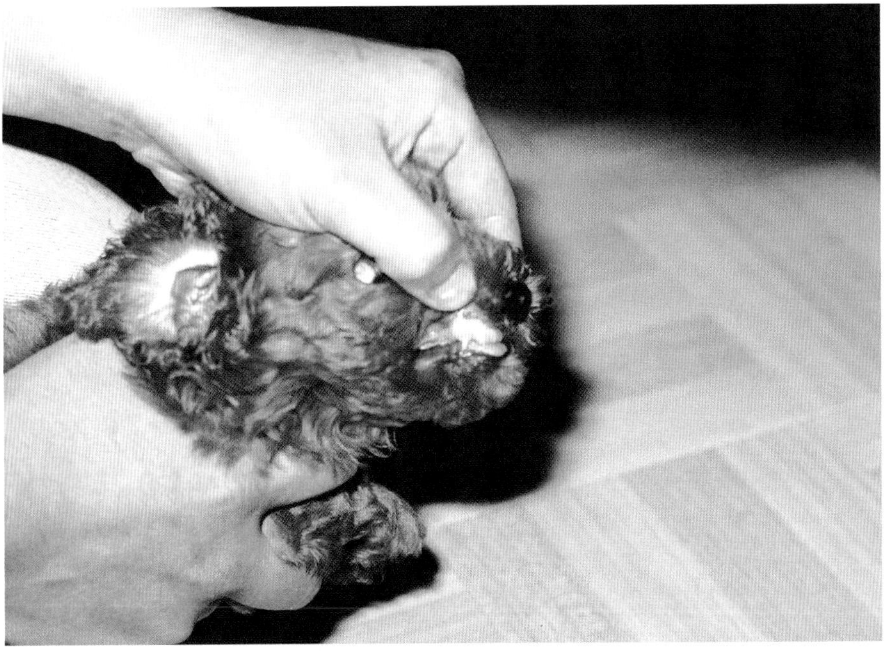

## 預防接種

接種疫苗對幼犬的健康而言是最重要的事情。幼犬最快可以在六週齡的時候，接種第一次的預防針，但接種疫苗之前要注意幼犬是否已回家飼養一週以上，這一週的時間可以讓幼犬適應家中的環境外，如果有潛伏的疾病也會表現出來。而在每次的預防注射前都應由合格的獸醫師對幼犬作完整的健康檢查後方可進行，以確保幼犬的健康及預防接種的效力。

健康檢查的項目從最基本的量體溫、量體重、測心率、糞便檢查，乃至心絲蟲檢查、犬小**病毒檢查**、**犬瘟熱檢查**，以及血液生化學檢查、尿液檢查。獸醫師會根據幼犬的情況作必要的檢

驗，以評估幼犬的健康狀況。

目前大部份獸醫師師所使用的疫苗多爲綜合或單一疫苗，包括：幼犬專用疫苗、七合一疫苗、八合一疫苗、萊姆病疫苗和狂犬病疫苗。施打預防針可以預防的傳疾病如下：小病毒腸炎、冠狀病毒腸炎、副流行性感冒、犬瘟熱、傳染性肝炎、犬鉤端螺旋體、狂犬病、萊姆病。疫苗注射的種類和時間表應由獸醫師根據幼犬的健康情形給予建議。

**腸內寄生蟲**：蛔蟲、鉤蟲、條蟲、球蟲、滴蟲。這些寄生蟲有些可以由糞便排出時觀察到，大部份可由獸醫師爲幼犬進行糞便檢查時得知。這些蟲會寄生在腸管內，吸取犬隻的血和營養，並會造成幼犬嘔吐、下痢、精神不振、甚至拉血痢。感染寄生蟲也可能造成幼犬非常虛弱、免疫力下降，進而感染其他病毒性或細菌性的致命疾病。所以第一次的健康檢查和每次預防注射前的健康檢查顯得十分重要。完整的健康檢查可以讓幼犬健康快樂的成長。

**外寄生蟲**：肉眼常見的外寄生蟲包括跳蚤和壁蝨。不僅會引起犬隻的皮膚病，亦會傳染致命的血液寄生蟲，例如：焦蟲和艾利希體。並不是剃

毛和洗澡就可以完全預防外寄蟲的感染，而是要用有效的除蟲劑來作預防。預防和治療的方式可以詢問獸醫師。

**心絲蟲**：在台灣各地區都有心絲蟲的病例發生，每年奪去許多犬隻的生命。心絲蟲是由帶有心絲蟲幼蟲的蚊子，叮咬犬隻皮膚後入犬隻周邊靜脈，心絲蟲幼蟲長成成蟲後寄生在犬隻的右心臟和肺動脈，使犬隻的心肺功能下降或造成血管栓塞，嚴重會致死。心絲蟲病可以藉由藥物來預防，在預防前需先由抽血檢驗犬隻是否已受心絲蟲感染。如果已感染心絲蟲應及早接受治療，如果沒有感染心絲蟲，則需終生做好心絲蟲感染的預防工作。預防的方式可以詢問獸醫師。

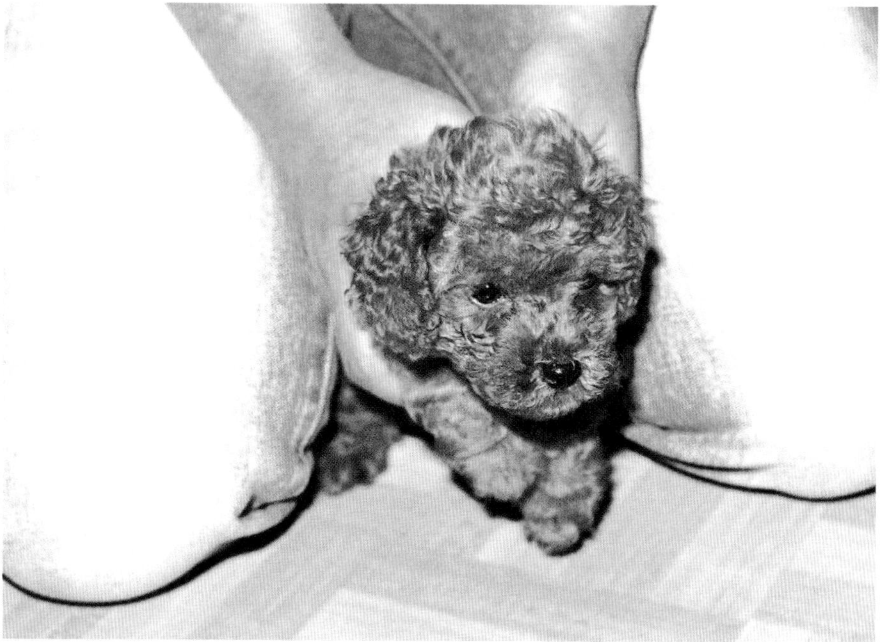

## 中暑／熱休克

台灣屬於高溫高濕的氣候，尤其在夏天的時候常有犬隻中暑的病例產生。注意不要讓犬隻處在高溫不通風的環境。尤其夏天時，在室外狗兒不可直接曝曬在太陽下，在室內則要注意室內溫度是否過高，及室內是否通風良好；隨時供予充足的水份；長毛狗可以將毛剃短利於散熱。如果眞的很熱，可以用冷水沖洗或浸泡犬隻以降低體溫。

## 對狗有毒的東西

幼犬就像小孩子，牠們的好奇心非常強，會在家中到處聞、到處舔，所以所有的有毒物應要放在牠們碰不到的地方，如果懷疑犬隻有中毒的現象，應馬上送醫急救。家中常見的毒物：巧克力、洋蔥、有毒植物、殺鼠藥和清潔劑。

### 巧克力

巧克力含有可可鹼和咖啡因，其對犬隻的最低致死劑量是100—200公克／每公斤體重，所以450公克的牛奶巧克力或120公克的純巧克力就可能使一隻7公斤的狗死亡。

### 洋蔥

洋蔥所含的硫化合物，會溶解犬隻的紅血球，造成貧血、缺氧而致死。

**案例**

奇奇是一歲半的迷你品犬，主人是一對兄弟。一早很憂心的帶奇奇來醫院，抱怨奇奇的食慾不佳，並有血尿產生，獸醫師在經過仔細身體檢查及問診後，發現奇奇目前有輕微的貧血、肝指數輕微上升；弟弟在哥哥去停車時向醫師坦承：二天前吃洋蔥炒蛋時，有偷偷餵奇奇吃了一小口，雖然我們不知道一小口的量是多少，但是檢查的結果指向和洋蔥中毒有關，還好奇奇的狀況不嚴重，在醫師的細心照顧下，很快恢復以往的食慾和活力。

## 狗狗結育的好處

公狗結紮：雄性賀爾蒙會使公狗爲了佔地盤而到處尿尿；而且也較具自我保護和較強的攻擊性。結紮的公狗比較不會到處閒逛，也就比較不會出車禍。結紮後也大大的降低了罹患疾病機會，包括：肛門腺腫瘤、攝護腺腫瘤、攝護腺感染、睪丸腫瘤和包皮感染，以及俗稱菜花的性病。在繁殖季節也不會因爲受到雄性賀爾蒙的影響而對人或其他狗有攻擊性。

母狗結紮：不會因爲發情期而把家裡弄髒或引來戶外的公狗，也不會因爲意外的懷孕而有意外的小狗。更可以避免卵巢腫瘤、子宮蓄膿和乳房腫瘤的產生。

## 陪幼犬運動

幼犬的成長除了均衡的營養、疾病的預防以外，適當的運動可以幫助幼犬的身體發育，也可以促進主人和幼犬之間的情感。最好的運動是游泳，尤其是夏天的時候；除了游泳以外，可以選擇長距離的慢跑或散步；此外，選擇適當的運動場地也是很重要的，草地較水泥地柔軟可以減少骨骼的衝擊和腳墊的摩擦，以避免不必要的骨骼傷害或腳墊摩擦破皮。如果運動一段時間後，幼犬開始動作變慢或是趴在地上不想動，就是已經達到牠目前體力的極限。在酷熱的天氣下運動，要特別小心散熱不足而造成中暑。

Part3

# 幼犬的社會化

# Part3 幼犬的社會化(socialization)

## 社會化的重要性

所謂的社會化是要幼犬習慣周遭的人、事、物。如果幼犬在四月齡以前的社會化程度愈深，幼犬的適應力就愈強，和人類的相處也愈自在。

### 案例一

小皮是一隻兩歲的柴犬，由於主人沒辦法幫牠剪指甲，每次都要帶到美容院和美容師奮戰一個小時後，才能剪完所有的指甲，主人描述說：只要拿出指甲剪，牠就趕快夾著尾巴、躲到桌底發抖，經過了解後才知道原來小皮在小時候，曾經在剪指甲時流血，疼痛記憶深深的刻印在腦海裡，長大後就變成懼怕剪指甲的狗狗。

### 案例一說明

疼痛對幼犬而言是一種深刻的記憶，不論是剪指甲、梳毛或是打針…等等所造成的疼痛都會給幼犬深刻的負面印象。尤其個性較害羞內向的幼犬，要讓牠克服疼痛所帶來的恐懼，所需要的時間是倍增的。懼怕剪指甲的狗可能是懼害怕人類摸牠的腳，或可能是害怕指甲剪，也可能是害怕剪指甲時產生的動作，當然也有可能同時害怕以上敘述的情形。所以要讓牠不害怕，得先找出牠眞正害怕的東西、動作，然後再一步步逐漸社會化，才能讓害怕轉爲接受，進而信任，才會覺得快樂、欣然接受。不同個性的幼犬對於恐懼的克服能力不同，所以如果可以愼重看待幼犬的每個第一次，例如：第一次洗澡、第一次剪指甲、第一次看獸醫打針，讓牠的第一次都留下好印象，就可以把狗狗心理恐懼和不安降到最低。

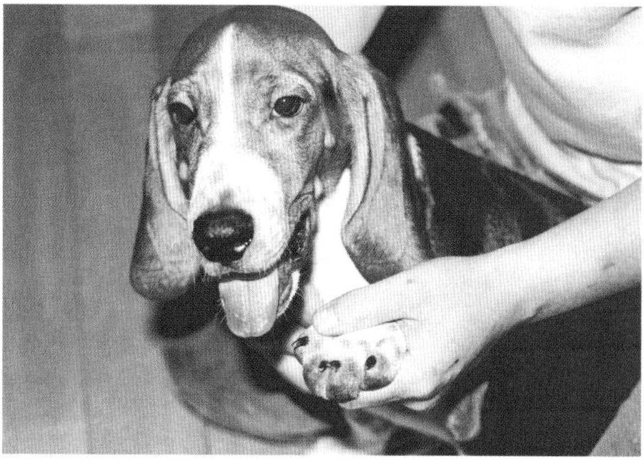

## 案例二

拉拉是一隻六月齡的拉不拉多犬，由一對年輕的夫妻飼養，平常男主人的工作繁忙，所以拉拉的大小事就由女主人負責，然而女主人很煩惱，因爲每次帶拉拉外出散步時，只要有男生靠近牠，牠就會躺下來露出肚子，並灑出幾滴尿，經過了解後，原來男主人的身材高大，雖然他平常不太管教拉拉，可是只要發現拉拉隨地大小便，他就會狠狠地揍拉拉一頓。久而久之，只要有男生靠近拉拉，牠就馬上翻肚子，甚至灑幾滴尿。

## 案例二說明

犬隻「露出肚子並撒尿」，在狗的世界裡，代表這隻地位排名最後的狗，正在對地位最崇高的狗老大致敬，意思是：我的地位很低，我很尊敬你，請不要用你的的權威做出會傷害或威脅我的事情，簡而言之就是「我輸了」。男主人狠狠揍拉拉一頓，用的是暴力，拉拉感受到的是威脅和疼痛，可是拉拉無法認知自己是因爲隨地大小便而受到處罰，久而久之，拉拉看到像男主人一樣的對象，就以爲是準備接受挨揍，所以牠會先做出認輸求饒的動作。這個案例中，拉拉對男性的印象十分恐懼、臣服，無法用正常的方式來迎接男性。碰到這類型的狗，第一個要改變的是男主人，要停止用暴力對待拉拉，再來就是要建立拉拉的自信心，才可以讓拉拉用正常的方式與男性互動而不再感到害怕。

## 案例三

李美是一位業務經理，每天要工作十二小時以上，在她三十五歲生日時，好朋友送她一隻博美狗當禮物，來福是一隻雄赳赳、氣昂昂的公狗，可是李美的工作太繁忙，根本沒時間帶來福出門運動、玩耍，頂多只是帶到獸醫院打打預防針而已。現在來福已經五歲了，李美也比較有時間可以陪來福，可是每次帶牠出去時只要看到別的狗，來福就吠叫個不停，也不和其他狗接觸，所以李美只好帶來福去沒有狗的地方運動和玩耍。

## 案例三說明

很多人在自已無暇照顧、教育狗的時候養了狗，而讓狗錯過了教養的黃金時期，李美只有在上獸醫院時才帶來福出門，來福當然鮮少有機會可以和其他的人和狗認識、相處。直到五歲，來福看到其他的狗就好像是看到不同物種的生物，利用吠叫來表達自已的恐懼或不高興。如果幼犬時期讓幼犬和一些教養良好的狗狗相處互動，幼犬可以學習和其他狗相處，也不會受到因驚嚇而對其他狗產生戒心或害怕。當然如果自已的狗對

別人的狗吠叫，或是作出具有攻擊性的動作，身為主人應該即時制止、糾正自已的狗。

這些眞實的案例，都是因爲沒有得到適當的社會化所造成，可能也會發生在你和你的狗身上，唯一的預防方式就是用適當的方法教育，讓你的幼犬接受良好的社會化。

## 幼犬的社會化愈早開始愈好

狗是人類最好的朋友。家犬是人類用了長久的時間，從野生犬科動物所馴化而來。所以不論你養的是什麼狗，多少仍都有野生犬科動物的特質，然而有些特質在人類的社會，會成爲人類不想要的壞習慣，例如：隨地大小便、咬壞傢俱、過度吠叫…等，所以社會化目的是，要犬隻能適應人類的生活環境。從小開始就必須用一些方法來預防壞習慣的產生，否則壞習慣養成後，要再改正是需要費一番心力的。

## 家中多了一隻幼犬—馴化和社會化就從現在開始

對幼犬而言，「回家」就是來到一個新環境，新環境對幼犬而言是充滿了新奇和刺激。毫無疑問，所有的幼犬都是非常可愛的，家中的每一個人都會想要摸摸牠、抱抱牠，把所有的關注都放在牠身上；當然這種關注和接觸對於幼犬在成長中的社會化很好，但是

如果給予過份的關注可能會寵壞了幼犬，而且幼犬也很快學會要求這種過份的關注，即使那是不適時且不適當的。所以家中有新進幼犬時，家中的成員只要輕輕地摸摸幼犬的下巴就可以，除非這隻幼犬看起來對家中的成員很害怕或是很緊張，那麼更多的接觸可以適當地幫牠克服恐懼。

幫幼犬和家中成員建立一個簡單的規則，可以在以後的教養上較爲簡單和輕鬆。例如：兩個月到六個月的幼犬，要建立一個主人可以看著牠，讓牠白天玩耍，晚上睡覺的區域。在一個有限的空間中，如果要糾正牠的壞習慣或是作大小便的訓練就比較簡單。在幼犬時期建議用狗籠和圍欄來飼養，一方面較易訓練，一方面也可以保護幼犬的安全。

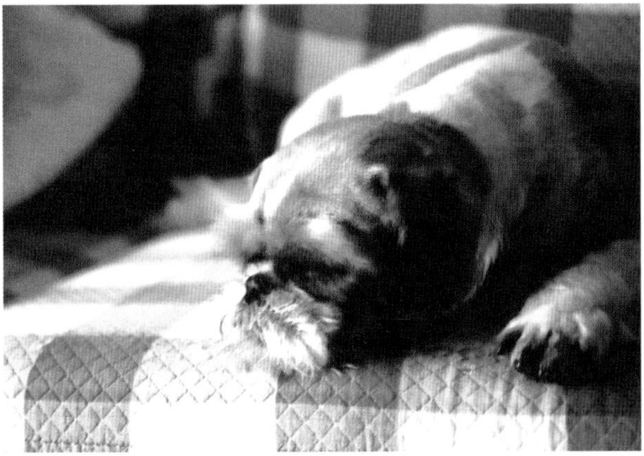

晚上的時間要讓幼犬在指定的區域中，顯然是最困難的。要幼犬睡在狗籠中，幼犬會哭叫，這時候主人會覺得幼犬很可憐，於是跑去抱幼犬，或者把幼犬抱回自已的床上。如果幼犬哭叫，不要因為牠的吠叫或哀嚎就過去安慰牠、覺得牠很可憐，因為你的安慰對牠來說是獎勵，所以牠會學到，只要牠吠叫或哀嚎，主人就會來到面前。幼犬的叫聲也許不是很大，但也足以惱人，讓人無法入睡。再想想，等牠長大時，牠的叫聲可能會遭到鄰居的抗議。主人要拿出智慧，堅持原則，幼犬比小孩更容易被寵壞。

所以，應該讓幼犬睡在狗籠中，睡覺的地方就在主人的附近，可以方便帶牠去大小便。主人和幼犬分開睡，讓幼犬學習獨立的精神，也可以避免以後的分離焦慮症，所以從現在就貫徹這個原則。

## 教養的基本原則

一、主人要作狗老大。

二、狗狗犯錯時一定要糾正。

三、讚美牠永遠不嫌多。

四、不論是糾正或是讚美牠都要及時，才能發揮最大的功效。

五、不要事後作糾正，因爲那不會產生效果。

六、不可以體罰狗狗。

七、絕對不要對狗狗發脾氣。

八、對狗狗要有耐心、恒心和毅力。

九、沒有教不會的狗，只有不會教的主人。

## 讓狗認識誰是狗老大

狗是群居的動物，每一隻狗在群體中有自已的地位順序。當狗進入人類的家庭時，這個觀念仍是根深蒂固，狗只會服從地位比牠高的人，主人對幼犬的教養，就是告訴牠誰是狗老大；也就是可以做的事和不可以做的事是由狗老大來決定，例如：狗是否可以跳上家中的沙發，是由主人決定，而不是狗自已跳上來之後，主人便默許。如果家中的每一位成員都可以遵守教養的基本原則來進行，每個人都可以成爲狗老大。

## 糾正你的狗

有時候會需要糾正狗的不當行爲，當你糾正牠的時候，絕對不要發脾氣而且不可以記仇、不要事後糾正；不可以把狗關在狗籠、陽台、或是一個房間作爲糾正、處罰牠的方式。這樣的糾正，犬隻無法了解你是糾正牠。糾正幼犬目的是要牠們能明辨是非對錯，絕對不要誤導牠們或使牠們困惑。大部份的糾正可以這樣作：用手抓幼犬頸背部的皮膚並且稍微的搖晃，類似狗媽媽在糾正小孩一樣，同時用堅定低沈的口氣說「不可以」、「不行」或是「NO」，但是要注意不可以把幼犬提離地面。如果這個方法對你的狗已經行不通，那就要用更進一步的方法來糾正你的狗。進一步的方法要用項圈和拉繩。手中握著拉繩，保持項圈和拉繩的放鬆，但是不能讓拉繩拖在地上。要糾正的時候，用手腕的力量作短暫且快速的拉一下後隨即放鬆，並且同時說「不可以」、「不行」或是「NO」，這是要讓幼犬知道，牠的行爲不可被接受。如果用這樣的方法仍然無法成功，那就要詢問專業的訓練師，協助主人如何糾正狗兒。不論用上列何種方式，糾正同時都要用堅定低沈的口氣說「不可以」、「不行」或是「NO」，確保以後沒有拉繩的時候，仍可以口頭的方式作糾正。

任何一種方式的糾正目的都不是要傷害幼犬，而是爲了要教導牠們何種行爲是可被接受且安全的；而錯誤行爲是不被接受且不安全的。

## 讚美你的狗—永遠不嫌多

糾正幼犬的不當行爲是很重要的，但是也別忘了在幼犬表現良好的時候，要給予大量的獎勵和讚美，獎勵可以是溫柔的口頭讚美、大量的撫摸或是一塊小零食。要維持主人和愛犬間良好愉快關係的關鍵就是溝通，而溝通的原則就是幼犬表現好要不吝給予獎勵和讚美；表現不當行爲時，用有效的方式糾正。你的狗會想要取悅你、讓你開心，現在就由你教導牠如何讓你開心吧。

教養要在正確的時機，而且有正確的態度，對狗的態度，可以反應在對狗說話的口氣和摸狗的方式。狗聽不懂我們的語言，可是可以了解我們說話的口氣；可以洞悉我們的肢體語言，每次要糾正或讚美狗時都要先問自已，牠的行爲是否是我要的，如果肯定，就給牠讚美；如果否定，要給予糾正。如果主人當下搞不清楚要給予糾正或是讚美，通常只要帶給狗更多困惑的觀念。例如：有一隻幼

犬，趁主人不注意的時候用嘴將衛生紙咬著玩，主人看到後，摸摸狗並告訴狗說：「狗狗乖乖，這個不可以玩喔！」主人雖然想要糾正狗的行爲，可是肢體語言和態度是給了小狗讚美，所以並無法有效解決問題。有了正確的態度之後，再來是用在正確的時機。正確的時機關係著狗學習的速度，如果每次都可以即時給予讚美或糾正，可以讓狗的學習速度達到最快，然而事後的讚美或糾正，只會減緩狗的學習速度，甚至造成狗的困惑。例如：訓練大小便時，狗狗在正確的位置大小便完畢，主人馬上給予讚美，可以讓狗馬上把讚美和在特定位置大小便作聯想；但如果是過了五分鐘再讚美，狗可能已經無法把這兩件事聯想在一起。所以正確的態度和正確的時機，可以讓學習事半功倍。

## 幼犬的學習模式

幼犬天生下來就是利用「聯想」的方式來學習。幼犬約六週齡時，牠們的視覺、聽覺和嗅覺的功能都大致發育完善。從這時起，幼犬開始有記憶，包括好的和壞的，有點像收音機或是電腦的主機，而牠們所經歷過的人、事、物會記在腦裡，等到牠們碰到新的人、事、物時，牠們會尋著記憶，而產生正面或負面的反應。例如：幼犬被教導吹風機不是可怕的東西，甚至吹風機出現時，幼犬都會被獎勵，那以後再碰到吹風機時，牠就不會害怕或是對吹風機吠叫。因為吹風機對幼犬而言已經是一個正面的記憶了。然而這個靠「聯想」來學習的時期，約在四月齡以內（大部份是在六週齡到四月齡）。這段期間是幼犬學習的黃金時間，最容易教導是非對錯的時期，等到六月齡到一歲才開始訓練的話，很多不良的行為問題大多已成形，甚至變得棘手。在四月齡之前，幼犬對人類和生活環

境的態度會隨教養逐漸成形；然而，幼犬就像小孩子，每一個體，牠有天生的個性，也有個別的學習速度，根據不同的個性來因材施教是很重要的；像是有些狗在學習定點大小便時非常快，但花很多時間在學習不能亂咬。所以每一隻幼犬的個性和壞習慣都不一樣，不論如何都需要主人的耐心教導。在後面的單元我們會提到如何引導幼犬去接觸環境中的人、動物和東西，讓牠有好的第一印象。

## 最重要的教育課程：親子幼幼班（puppy preschool）

幼幼班是對幼犬而言是最早也最重要的訓練課程。早期的社會化訓練（親子幼幼班）是幼犬和主人相處的基礎，也是幼犬社會化的開始，更是開啓和幼犬溝通的大門，並可奠下基本服從訓練的基石。

在社會化的過程中，幼犬會開始學習信任周遭的人、事和物。在幼犬四月齡前，儘可能花時間和幼犬互動，幫助幼犬社會化，學習信任人類和環境，幼犬不在這段時間中得到適當的社會化，可能會因爲恐懼或害怕而產生野生動物的行爲模式，而衍生許多行爲問題。例如：有些狗狗在小時候沒有被適當的引導牠們和小孩子相處，這些幼犬可能對小孩子產生恐懼感，而當牠們長大之後，恐懼感可能會導致犬隻對小孩子出現攻擊行爲。事實上，犬隻並不是刻意攻擊小孩，是由於沒有適當的社會化，犬隻在不熟悉、恐懼的情況下所出現的本能反應。可悲的是，如果犬隻會攻擊小孩，通常就會被送走或是安樂死。而小

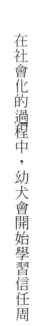

孩也會對狗有不好的印象，那將會是人類和狗的共同遺憾。

一個適當的社會化過程，幼犬要在一個我們可以控制的環境中學習。這並不代表我們要把牠們和其他的東西都隔絕，而是我們要監控牠們的成長過程，讓牠們對周遭的人、事、物有好的第一印象，且讓牠們所發展出我們想要的行爲模式，進而避免我們不要的問題行爲。在開始之前，要先準備好牠的項圈和拉繩，因爲在進行社會化的過程中，我們要利用項圈和拉繩來引導幼犬，幫助牠學習（請參閱項圈和拉繩的訓練）。

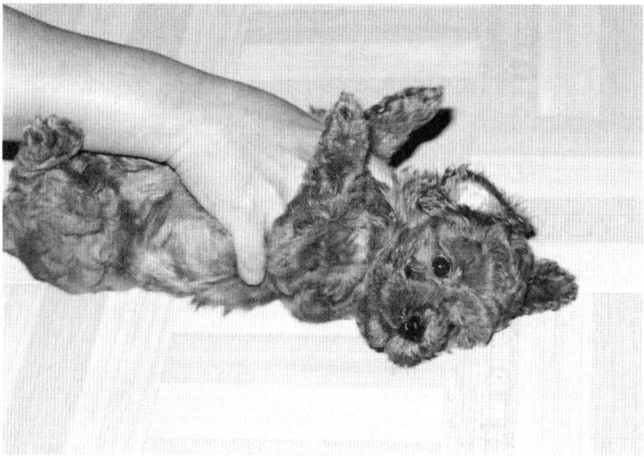

## 讓人類和幼犬成為好朋友

所有的社會化的過程中，最重要的就是對人類的社會化。從幼犬接觸到人類開始，就已經開始進行人類的社會化過程；尤其是主人帶幼犬回家時，幼犬已經開始學習要信任和牠住在一起的人類。不論各種人類，當然包括高、矮、胖、瘦、膚色、聲音、穿著、老人、成人、小孩…等等。幼犬如果沒有在四月齡之前習慣與人相處，在往後的生活中如果接觸到的人類，往往會出現害怕恐懼、甚至咬人、威喝或攻擊的動作。

每週撥出一點時間，帶幼犬到可以接觸到人群的地方，像是公園、市場、街上，讓幼犬認識各式各樣的人類，不但可以給幼犬不同的考驗和刺激，也可以讓牠們對人類留下正面的印象。尤其是小孩和還在學爬行的嬰兒，因爲小孩常常會對幼犬作出意外的動作；爬行的嬰兒，在犬隻的眼中是四隻腳的同類。還是要記住，戶外的環境是我們無法掌控的，但我們可以掌控我們的狗，不要忘記爲愛犬帶上項圈和拉繩再出門，以防任何意外的發生。

## 如果家中即將有新生兒

在人類的社會中，家中有新的嬰兒誕生是一件大事。也因爲如此，許多狗在嬰兒出生後就被棄養或送走。其實如果經由適當的引導和訓練，教導犬隻和嬰兒的相處之道，犬隻會變成嬰兒的守護者。

在嬰兒出生前的幾個星期，到玩具店買一個和眞實大小相仿的嬰兒娃娃。買回來後，主人模仿眞實照顧嬰兒的狀況，一天至少一次。首先先

讓犬隻在距離娃娃較遠的地方觀看主人爲娃娃作的事，包括：換尿布、擦痱子粉、哄娃娃入睡…等，如果想要更逼眞，可以同時播放嬰兒哭聲的錄音帶；觀察幼犬對你的行爲有何反應，漸漸把距離拉近，甚至可以讓嬰兒娃娃的小手拍拍犬隻的頭，讓犬隻也分享喜悅，別忘了讚美犬隻的優良行爲。幼犬對嬰兒娃娃的反應如果是正面的，

等到眞的嬰兒誕生時，可以用同樣的技巧讓幼犬和嬰兒互相認識、熟悉。如果幼犬對嬰兒有任何負面的行

爲，要馬上制止牠，而且嚴肅的正視這項行爲，並且請教專業的訓練師，得到更進一步的建議。記住，不要讓犬隻對嬰兒有任何侵略的機會。當然，你的幼犬可能不會對嬰兒作出任何攻擊或威脅的行爲，但是牠可能覺得很沮喪、或是受到新來嬰兒的地位威脅。因爲這個新來的嬰兒會佔據牠的地方、時間而且讓主人對犬隻的注意力減少。主人不能因爲有小孩就把狗冷落了，即使再忙也要抽空陪狗玩耍、運動，讓狗了解自已仍是家庭中的一份子，經過早期的社會化和訓練，增加小孩和狗之間的良好互動，以促進家庭的和諧關係。

## 讓幼犬和其他動物和平相處

所有的犬種幾乎都有狩獵的本能。所以其他的動物在牠們的眼中，就變成了所謂的獵物。但生活在現代的社會，我們不需要我們的狗去狩獵，我們要的是牠和其他的寵物和平相處。其他的動物包括：貓、寵物鼠、鳥，還有其他的狗……。如果我們在早期讓引導牠和其他動物和平相處，在腦中留下正面的印象，長大就比較不會發生打架、爭地盤的事情。

在四月齡前，每星期有幾次讓幼犬和一些行爲良好的動物相處，可以讓幼犬留下永遠的好印象；在長大後，不會因爲碰到其他的動物就產生恐懼，對於那些不友善的犬隻所造成的負面經驗，也較容易忽略。

## 讓你的幼犬熟悉家中的家電用品或其他設備

是否在日本的寵物節目中看過一隻柴犬對著吸塵器吠叫，節目中把這個現象當成有趣的事情來報導。但事實上是因爲柴犬不知道吸塵器是什麼，對它產生莫名的恐懼感，所以用吠叫來表達。有些狗看到主人拿指甲剪就趕快躲起來，主要是牠的第一次剪指甲留下了壞印象。所以對於這些沒有生命的物品，也要讓寵物適應。

如果是會發出聲音的用品，如吸塵器，先不要開電源，先讓幼犬接近吸塵器，看看它、聞聞它，如果幼犬不想靠近，可以口頭鼓勵牠，或拿一點零食讓牠在吸塵器附近吃，也可以在吸塵器附近玩球；如果幼犬一點都不害怕這大怪物，就可以打開電源一秒鐘，看幼犬的反應，如果有點恐懼，就用先前的方式鼓勵牠靠近，如果幼犬適應的

很好，可以延長開電源的時間，如此漸漸地，幼犬會適應吸塵器，不會對它恐懼害怕了。家中的其他設備也是如法炮製，以下是一些建議幼犬熟悉的設備：汽車、摩托車、腳踏車、吸塵器、吹風機、洗衣機、掃把、小孩的玩具、噴水管、雨傘、電風扇、蓮蓬頭⋯⋯。如果家中還有其他的用品設備，都會建議用以上的方法來進行。一個不懂如何引導幼犬熟悉物件的人，不應該讓他來用這些可能會導致幼犬恐懼的用品作測試，如果只是覺得好玩，可能造成幼犬莫名原因的恐懼感。

## 訓練幼犬坐車和摩托車

幼犬如果從來沒有搭過車，可能會導致暈車而嘔吐，為了避免嘔吐發生，在飯後至少一小時才可以搭車。

**坐車訓練**：一開始可以讓一個人抱著牠，帶一些玩具或零食在牠身邊，可能可以減少幼犬的恐懼，第一次不要花太長的時間，約十分鐘就可以了，再慢慢的延長時間；當然也可以用外出用的提籃、肩背袋來固定。如果幼犬在車上不知所措，可以讓牠站著，把注意力放在外面的景物上，降低牠的緊張情緒。

**坐摩托車訓練**：一開始先不要發動，先讓幼犬站在腳踏板上，如果沒問題，再發動引擎。幼犬適

應後，才可以載牠兜風，時間也是逐漸增加的。讓幼犬逐漸適應坐摩托車，也要適應其他車輛的聲音、喇叭聲。

很多人帶狗出門都是爲了看獸醫，但是也要撥空帶狗去公園，看看並適應其他的狗、其他的人或小孩，讓牠們知道世界是很大的，有很多驚喜會發生。

ㄜ便便被主人罵
有一天我又...ㄜ便便了...
主人的腳步聲逼近
吃光它，就不會被發現了，ㄏㄏㄏ...

Part4

# 餵食與大小便訓練

Part4
# 餵食和大小便訓練

## 基本原則

一、確定幼犬的腸胃健康且沒有腸內寄生蟲。

二、餵食超過十五分鐘，如果有未吃完的食物，要收起來或丟棄，等待下一餐。

三、根據幼犬的體重和活動量來餵食，不要過度餵食。

四、每餐之間不要給零食，除非作爲獎勵用。

五、在主人無法直接監控幼犬時，請利用狗籠或圍片來限制幼犬的活動空間。

六、幼犬上廁所時，主人要陪伴在牠身旁，直到幼犬完成任務後，馬上讚美牠。

七、給幼犬寬裕的時間大小便，但同時教牠口令「大便、尿尿或是上廁所」，如果幼犬一直聞其他的東西或是玩耍，可以用拉繩給予糾正，讓牠快點完成上廁所。

八、成功地上完廁所，要給幼犬多一點時間自由的玩耍。

九、要確實執行所訂定的時間表，隨幼犬長大的速度，及每天上廁所的次數作調整。

十、在睡覺前一小時不要給水喝，除非天氣太熱。

十一、不可以在犯錯的事後才糾正牠。

十二、主人要有耐心，在牠小時候花少量的時間，可以換取一輩子的快樂。

十三、充份的遵守原則，絕對不要發脾氣。

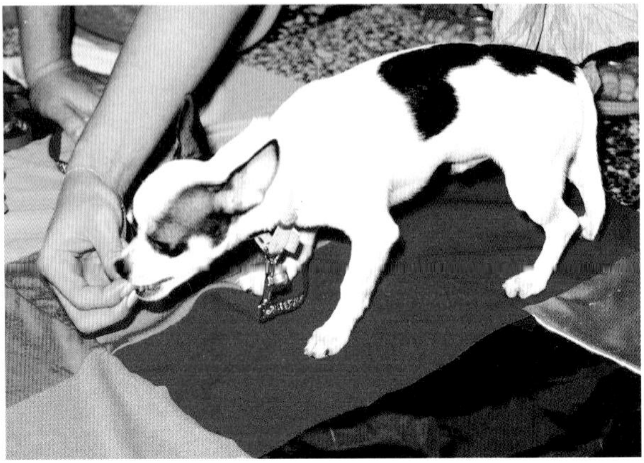

## 幼犬的食物

不要從餐桌上或自已的碗盤中拿食物給幼犬吃。這樣會養成幼犬向人要食物吃的壞習慣，更可能直接搶走你手中的食物。一旦養成壞習慣，你會發現，每次吃東西的時侯，你的狗會在你旁邊跳來跳去，或是用乞憐的眼神看你，也許再用可愛的手（前肢）撥撥你，這時候你會忍不住，給牠吃一口，你的想法是給牠吃一口之後，牠就不會再跳或乞求你了，可是幼犬的想法是：我這麼做，你就會給我吃東西（獎勵），那我要再多跳一下、多看你一下。如此一來就成為惡性循環。

幼犬的餵食要有固定的時間，隨著成長的速度而調整不同的餵食次數和餵食量。選擇好的飼料品牌以及適合幼犬年齡和體型的飼料。有些幼犬對於澱粉來源以玉米或麥為主的食物具不耐受性，造成腸胃不適，則應選擇以米為主的飼料；有些幼犬對於蛋白質來源

是肉的副產品（如動物的肉臟）爲主的食物具不耐受性，造成腸胃不適，則須選擇以肉或水解蛋白爲蛋白質來源的飼料。有些幼犬一直持續有軟便的情形，可以請獸醫師檢查，是否有寄生蟲感染或是因爲食物不耐所引起。如果是食物不耐症，可以用低過敏原或腸胃敏感的飼料來餵食。

其他營養品的補充，對於健康的幼犬是不太需要的，品質優良的飼料可以提供幼犬完整的營養；但是幼犬如果有營養失調方面的問題，請先詢問獸醫師後，才決定如何調整營養的攝取。三月齡以下的幼犬一天要餵食至少三至四餐，不要把食物放著讓幼犬任意食用，除了有些幼犬會養成挑食、暴食的習慣，對於大小便的訓練也會造成困擾。

## 零食

如果幼犬在正確的地方大小便，可以在牠上完後馬上給牠零食當作獎勵。可是不當的零食給予會造成挑食或是取代了正餐，所以用零食來作獎勵時要十分小心。

## 籠內訓練

爲幼犬準備一個適合的狗籠是很重要的。尤其是剛回到家的幼犬，狗籠可以提供幼犬一個具有安全感和安靜的環境；狗籠內可以讓幼犬吃飯、睡覺、休息。而且可以避免因爲亂咬、亂吃東西而發生意外。

如果你的幼犬還不適應被關在狗籠內，現在就要開始訓練牠。鼓勵幼犬自已走進去，在狗籠內餵食幼犬，會幫助牠對狗籠有好印象，同時給牠很多很溫柔的讚美；試著把門關上，每天讓牠在籠內

的時間增長，慢慢牠就會適應狗籠了。不要把狗籠用來糾正幼犬，而且也不要放置任何可能造成危險的東西在狗籠裡。

## 記錄幼犬作息的時間表

每天應給予幼犬定食且定量的食物，不僅提供幼犬營養，同時也刺激腸胃的蠕動讓幼犬產生便意。我們想知道的是幼犬何時會大便、尿尿。所以每一個飼養幼犬的主人都必需在紙上記錄餵食和上廁所的時間，以利大小便的訓練。一般來說，8至12週的幼犬每天至少要餵食3餐，飯後及運動後要喝水；早上醒來，一定要先上一次廁所；每次飯後及喝水後的約15分鐘至一小時內會上廁所；此外，由於幼犬仍無法長時間憋尿，所以每2－3個鐘頭要上一次廁所。每一隻幼犬的狀況會有些微的差異，根據不同幼犬都有特定的時間表，以下是時間表的範例，主人可以爲幼犬制定類似的表格。

| 日期 | 94年5月1日 | | |
|---|---|---|---|
| 時間 | 吃飯 | 喝水 | 上廁所 |
| 7:00 | | | ☆ |
| 7:15 | ☆ | ☆ | |
| 7:30 | | | ☆ |
| 10:30 | | | ☆ |
| 13:00 | | | ☆ |
| 13:15 | ☆ | ☆ | |
| 13:30 | | | ☆ |
| 16:00 | | ☆ | ☆ |
| 18:00 | | | ☆ |
| 18:15 | ☆ | ☆ | |
| 18:30 | | | ☆ |
| 20:30 | | ☆ | ☆ |
| 23:30 | | | ☆ |
| 23:45 | 睡覺時間 | | |

根據時間表和幼犬實際的情形，可以作微調整，讓大小便的訓練更省時，也讓幼犬學習的更快。

## 大小便的訓練

大小便的訓練對一隻狗來說是最基本的。在狗的原來觀念中，牠們要大小便的時候，會離開自已的窩，到窩的外面去大小便，不會弄髒自已的窩。可是被人類飼養的狗，可能一直關在狗籠中或家裡，所以牠無能爲力到窩的外面去大小便，因此就造成了隨地大小便或是踩自已的大小便的困擾。

幼犬不會自已知道要去哪裡大小便，只有主人告訴牠要去哪裡，牠才會恍然大悟，也會覺得很放鬆和開心。主人訓練幼犬大小便要有恆心，持續地努力，讓幼犬知道這是一常態，進而養成一種習慣。

在開始之前，要先確定幼犬的食物適合牠，並帶給獸醫師檢查確定沒有寄生蟲，腸胃可以正常的蠕動；如果幼犬會拉肚子，那麼大小便的訓練會變得更困難。

我們說過，在狗的原來觀念中，牠們要大小便的時候，會離開自己的窩，到窩的外面去選擇一個牠覺得適合的地方去大小便。所以第一件事就是要限制幼犬的自由，用狗籠或圍片將牠限制在一個較小的空間，幼犬會視這空間爲自己的窩，以便主人可以監控幼犬。如果主人完全不限制幼犬的自由，幼犬在家中會自己隨意選擇地方當自己的窩，也會隨地大小便。

爲了要讓幼犬可以很快學會在適當的地方大小便，主人一定要每次帶牠到相同的地方大小便，而且在一旁陪牠，並用輕柔的讚美牠在適當的地方大小便。這樣的作法，基本上是讓幼犬認知，可以放心的在主人指定的地點大小便，而且主人會很高興。很快地，幼

犬會把主人說的「大便」、「尿尿」、「上廁所」和牠的大小便聯想在一起，以後主人只要說「大便」、「尿尿」、「上廁所」，牠就知道主人要牠做什麼了。

如果你是訓練幼犬到室外去大小便，記得用項圈和拉繩，手裡拉著拉繩，站在一個定點，讓幼犬可以專心大小便；如果你是在家中鋪報紙讓牠大小便，幼犬學習的時間會較前者稍長一點，所以要多點耐心。

前面提過，大小便的訓練需要二十四小時的監控。但是如果你是上班族，有一段長時間不在家，可以準備較大一點的狗籠，將狗籠的一半放上軟墊或布當作幼犬睡覺的窩，另外一半可以鋪上報紙當作幼犬上廁所的地方。

如果幼犬在你指定的地方大小便，你一定要大量讚美牠，而且給牠一點時間可以玩耍，不要馬上就回家或回狗籠。如果幼犬不小心在家中大小便，除非你當場逮到牠，不然事後糾正都是無用的。

在睡覺前一小時不要再給水喝，但若是天氣太熱，就應該給水喝；而且在最後睡覺前，一定要給幼犬最後一次上廁所的機會。

## 大小便訓練的糾正

剛開始訓練大小便時，幼犬不可能就百分之百地成功在主人指定的地方上廁所。所以不小心隨地大小便一定會發生，幼犬如果當場被你看到牠隨地大小便，主人要馬上說「不可以、不行或NO」，而且馬上帶幼犬去指定的地方，完成上廁所，並

給予大量的讚美，這樣對大部份的幼犬都可以成功，對於較固執的幼犬，可以加上用手抓住幼犬的頸背部皮膚並且稍微的搖晃，但如果不是當場發生，事後的糾正不會發生但沒有效果，而且只會讓幼犬對主人產生莫名的恐懼和困惑，可能導致幼犬不敢在主人面前上廁所的困境。

## 隨地大小便的清潔

幼犬的隨地大小便一定要儘快清潔，避免狗狗循之前的氣味，又在同一個位置上隨地大小便。不論是大小便，儘可能在小範圍內將尿和糞便清潔後，要噴上具有酵素活性的除臭劑，以分解殘留的糞尿及氣味。一般的除臭劑多是利用香精的味道掩蓋臭味，使人類的嗅覺疲勞，等人類的嗅覺恢復後才又可以聞到臭味；然而狗的嗅覺不易疲勞，所以真正的除臭劑不是利用香味來掩蓋臭味，而是具

有酵素，可以分解有機物和臭味的分子，使臭味消失；而且不僅可用於一般地板，也可以直接用在寵物身上，不會對寵物造成毒性。市面上有許多除臭劑，請記得購買時看清楚標示上的說明，回家後直接噴灑在一星期沒洗澡的寵物身上作試驗，就可知道買到的是不是眞正具有酵素活性的除臭劑。

# Part5 幫小狗定期梳洗

Part5
# 幫你的小狗定期梳洗

## 信任感的建立

讓小狗習慣主人爲牠梳洗，是人狗之間關係的開始。在還不知道該如何爲小狗梳洗時，要先讓小狗習慣主人的接觸和撫摸，所以每天要抽出5－15分鐘來建立小狗和主人之間的親密關係，同時可以增加彼此間的信任感，如果愛犬可以安心地讓你觸摸牠身體的每個部位，那麼就成功一半了。以下是主人和小狗每天都要做的親密接觸，首先要讓幼犬處於可以穩定的姿勢，然後逐步進行，在過程之中，主人要不吝嗇的讚美、鼓勵幼犬，但是要糾正邊玩邊咬人的行爲：

## 身體的部位：腳趾

### 如何進行

輕輕拿起幼犬的腳，用自己的手感覺牠的每一個腳趾，檢查每一枚指甲，並在指甲的基部輕輕壓一下。

### 說　明

這個動作可以幫助幼犬習慣剪指甲，並且可以檢查是否有外寄生蟲（跳蚤、壁蝨等）；外出後要擦腳也可以很輕鬆喔。

## 身體的部位：耳朵

### 如何進行

輕輕拉起耳朵，並聞一聞是否有異味；可以輕輕將自己的手指放入耳道，讓幼犬感受一下耳朵裡有東西的感覺。

### 說　明

這個動作可以讓幼犬習慣被清潔和檢查耳朵。如果耳朵有異常的分泌物，或是幼犬過度地甩頭和抓搔，都是耳朵可能受感染的徵兆，需要帶給獸醫師作進一步檢查！

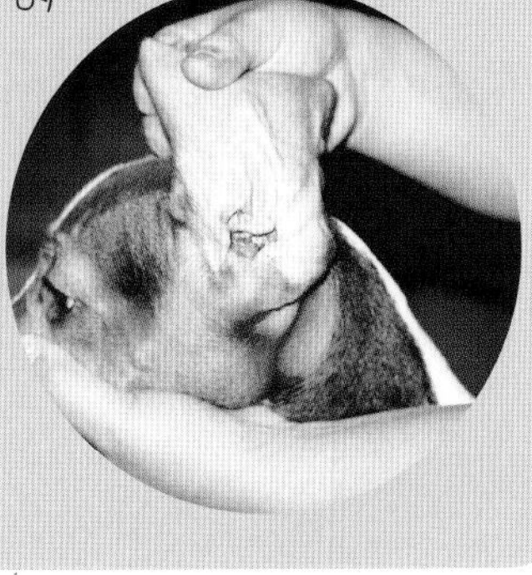

## 身體的部位：微血管充血的反射

### 如何進行

用手翻開幼犬的嘴唇，用手指輕壓牙齦，觀察牙齦恢復紅潤的時間以測試微血管充血的反射。

### 說明

正常的牙齦顏色應粉紅色的，如果牙齦的顏色變白或紫，代表體內的貧血或缺氧，應儘速就醫！

## 身體的部位：心臟

### 如何進行

把自己的手放在幼犬的左胸前，感覺幼犬的心跳。

### 說明

不同的品種和大小的犬隻，其心跳數均不一樣，了解犬隻心臟的位置和跳動速度，萬一需要急救時可以派上用場！

## 身體的部位：脫水測試

### 如何進行

用手輕輕拉起幼犬肩背部的皮膚，觀察皮膚彈回的時間以測試是否脫水！

### 說明

健康的犬隻會在1到2秒內彈回皮膚，如果時間延遲，犬隻可能有脫水的現象，應請獸醫師作進一步的檢查喔。

## 身體的部位：尾巴

**如何進行**

順著幼犬的身體摸到牠的尾巴，並輕輕的往上拉。

**說　明**

大部份的狗不喜歡被拉尾巴，可是有些人會不經意地拉扯狗的尾巴，尤其是小孩子；此外獸醫師為犬隻量肛溫或是擠肛門腺時，也是要輕拉起尾巴，所以讓幼犬習慣這個動作是很重要的！

## 身體的部位：口腔及牙齒

**如何進行**

翻開幼犬的嘴唇，檢查幼犬的牙齦和牙齒；用手指輕壓牙齦並輕輕摩擦牠的牙齦和牙齒。

**說　明**

讓幼犬習慣被檢查牙齒，並且為刷牙作準備。

## 身體的部位：投藥練習

**如何進行**

輕輕將幼犬的嘴巴張開，放入一片小零食，再將幼犬的嘴巴合起來。

**說　明**

除了可以練習投藥，如果犬隻咬了不該咬的東西，也可以輕易取出！

## 身體的部位：輕輕擁抱

**如何進行**

輕輕將幼犬輕輕的抱在懷裡。

**說　明**

擁抱是人類表現關懷、釋出善意的方式。但是犬隻並不喜歡，而小孩子最喜歡對狗狗作這個動作，所以讓幼犬習慣後，不會因為這動作而產生恐懼。

## 身體的部位：眼睛和鼻子

**如何進行**

輕輕將幼犬的嘴巴張開，放入一片小零食，再將幼犬的嘴巴合起來。

**說　明**

犬隻的眼睛應是明亮不混濁，沒有多餘的、膿樣、水樣分泌物；鼻子柔軟、微濕、乾淨，沒有流鼻水或是鼻膿，否則應帶給獸醫師檢查喔。

## 身體的部位：輕拍頭

**如何進行**

輕輕拍打和撫摸幼犬的頭部！

**說　明**

對狗狗而言這是一個具有威脅性的動作，但對人類而言卻是關愛、喜歡的表現；讓幼犬習慣後，牠會非常喜歡被摸頭喔！

## 清潔項目

**洗澡**：很多獸醫師帥都會建議在幼犬尚未施打預防針時不要洗澡，爲的是避免傷風感冒。那麼可以用乾洗粉來爲幼犬作身體的清潔，每週1-2次將乾洗粉均勻灑在幼犬身上，就可以達到清潔的效果。如果要用水洗澡，第一次可以在主人洗澡的時候一起帶幼犬淮去，目的不是眞的洗澡，而是先和幼犬玩水，讓牠對水有好的印象，以後就會喜歡洗澡了。此外，選用洗毛精時，要選犬隻專用的，因爲狗的皮膚是中性的，而人類的洗髮精多是偏酸性的。

**幫小狗梳毛**：不同的毛質，適合不同種的梳子，市面均有販賣。梳毛前，先讓幼犬聞梳子，然後

用梳子在我們的褲子上梳幾下，讓幼犬知道梳子不會傷害我們；再用梳子的背面在幼犬的背部輕輕按摩，等牠習慣後再用正面幫牠梳毛，不要強迫牠，每天練習幾分鐘，慢慢把時間拉長，大部份的幼犬都會很高興。

**剪指甲：**對很多狗而言，剪指甲是一件非常痛苦的事，更有許多主人根本不敢幫狗剪指甲。如果早一點開始幫狗剪指甲，幼犬就會早點習慣，甚至樂於參於。每週剪一點，可以讓幼犬習慣也不會讓指甲中的血管長得太長。獸醫師會很樂意告訴你如何剪指甲，即使你決定讓別人幫你的狗剪一輩子的指甲，你也要讓牠適應腳和指甲被摸的感覺。

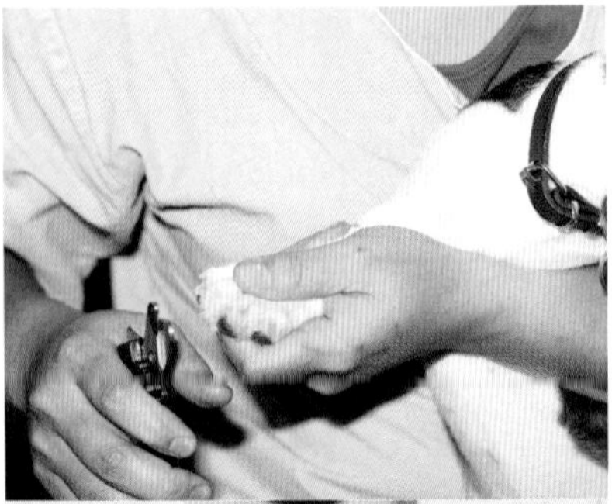

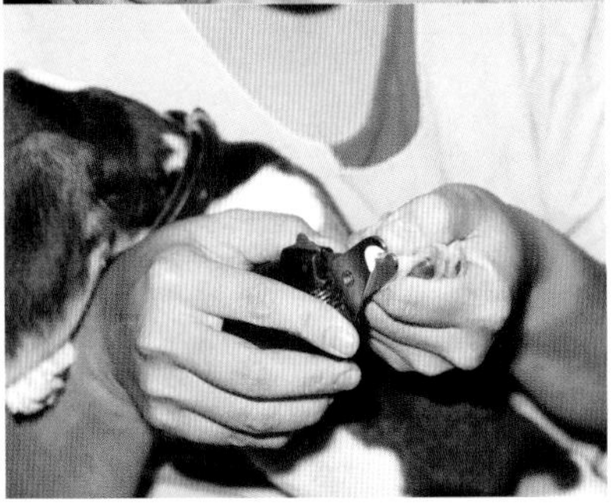

當幼犬已經適應自己的腳和指甲被摸時，拿出指甲剪，先讓幼犬聞一聞、看一看指甲剪，模擬剪指甲的姿勢，如果幼犬沒有任何抗懼，先剪兩隻指甲，然後每天剪兩隻，讓牠慢慢適應，以後就可以一次剪完了。一開始技術不熟時，寧剪一點就好，也不要剪到流血，造成幼犬的疼痛而恐懼。如果看不到幼犬的血管，可將指甲剪平行

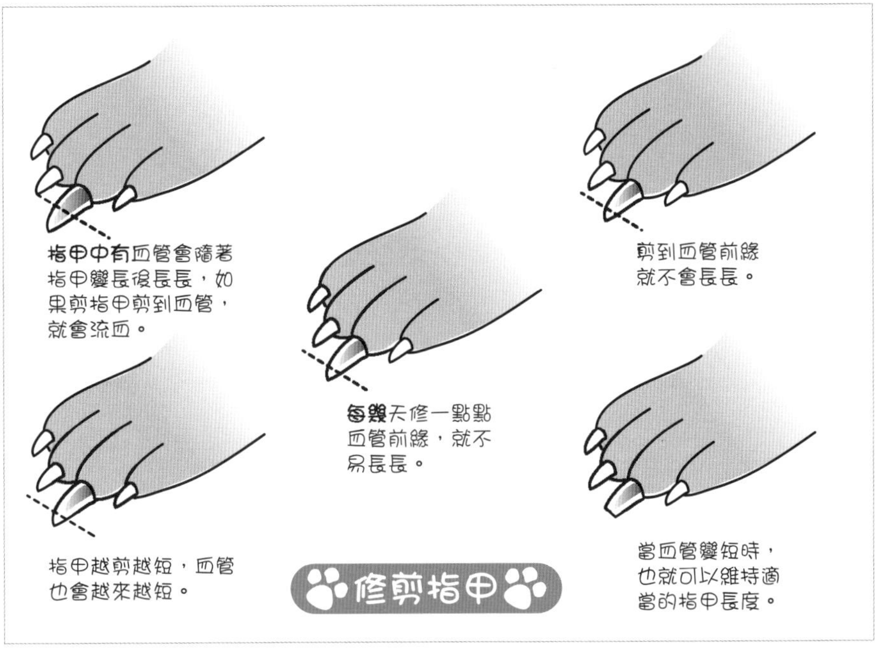
修剪指甲
指甲中有血管會隨著指甲變長後長長，如果剪指甲剪到血管，就會流血。
指甲越剪越短，血管也會越來越短。
每幾天修一點點血管前緣，就不易長長。
剪到血管前緣就不會長長。
當血管變短時，也就可以維持適當的指甲長度。

貼於腳墊上，剪下指甲即可。

**刷牙**：不良的口腔清潔會讓狗有口臭，產生牙結石，甚至造成以後的牙周病。先用手指輕輕摩擦牙齦，讓幼犬習慣後再用牙刷替牠刷牙。狗的牙膏和人類的不同，牠們的牙膏成份以酵素爲主，是可以食用，幾乎所有的狗都很喜歡。良好的口腔潔可以讓牙齒保持健康，也可以減少因爲要用超音波洗牙，而需要全身麻醉所帶來的風險。

**清耳朵**：每週檢查幼犬的耳朵，清除污垢，尤其是垂耳的狗，例如：黃金獵犬、拉不拉多犬及米格魯。將犬隻專用的耳朵清潔劑，直接倒入耳道後，按摩耳朵的基部，讓清潔劑可以充份溶解耳垢，放開後，幼犬會甩耳朵，把污垢和清潔劑一

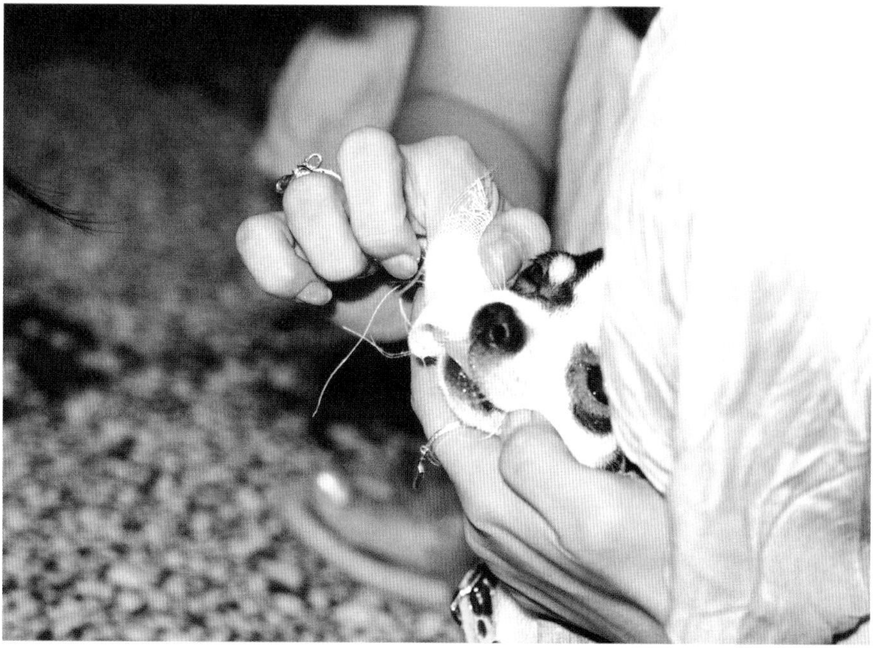

起甩出來，再將耳殼內側擦乾淨即可。

**清潔眼睛**：和人類一樣，狗也會有眼屎，所以應每天清潔，尤其是有些鼻淚管狹窄的狗，例如：馬爾濟斯、貴賓犬，如果眼睛的分泌物增加或呈現黃綠色，可能是有感染的現象，應詢問獸醫師。

**擠肛門腺**：肛門腺是狗特有的器官，如果把肛門看成一個鐘面，肛門腺的位置在四點鐘和八點鐘的地方。各有一個囊狀物，內面是腺體組織，會分泌帶有特殊臭味的分泌物，其開口在肛門。通常隨著排便或括約肌的收縮而排出，分泌物的味道用來佔地盤時作記號，也用作爲狗之間互相辨認彼此的工具。正常的情況下，肛門腺是不需要

人爲排空的，但是如果看到狗一直在舔肛門、用肛門摩擦地面，可能是肛門腺已經滿了，或是有感染的現象，這時就要用人爲的方式來擠肛門腺。其方法是用一手拉住尾巴，用另一手的姆指和食指各放在囊狀物外的皮膚上，由外而內的方式擠壓，就會有分泌物從開口噴出來，味道很臭，正常的分泌物是液狀、帶有咖啡色；如果分泌物是黃色、血色或是化膿的顏色，可能有感染的現象，應盡速帶給獸醫師檢查。

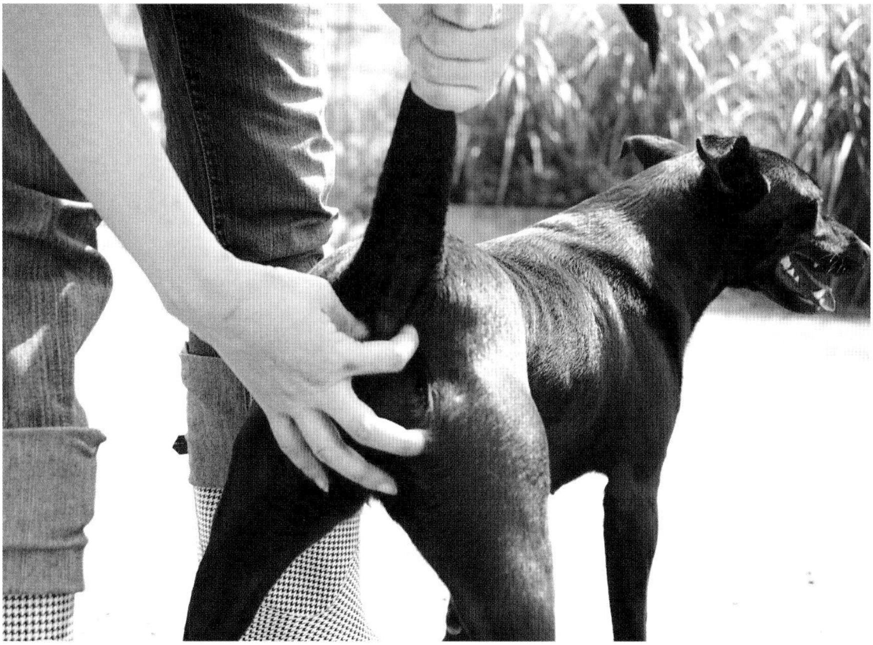

DOG
Food
GET!
HA
HA HA

Part6

# 解決壞習慣

# Part6 解決壞習慣

## 愛亂咬

「咬」是牙齒原來的功能，所以幼犬會有咬的動作，本來就是正常的，但是我們希望牠咬該咬的東西，而不是咬不該咬的東西。你當場看到幼犬在咬不該咬的東西時，要當場糾正牠，糾正的方式是用手抓住牠的嘴巴，使牠的嘴合起來，並搖晃一下嘴巴，同時說「不行、不可以或NO」。記得不要發脾氣，直到幼犬心服口服，不再掙扎爲止。然後再拿牠的玩具給牠咬，鼓勵牠咬自已的玩具，並給予讚美。

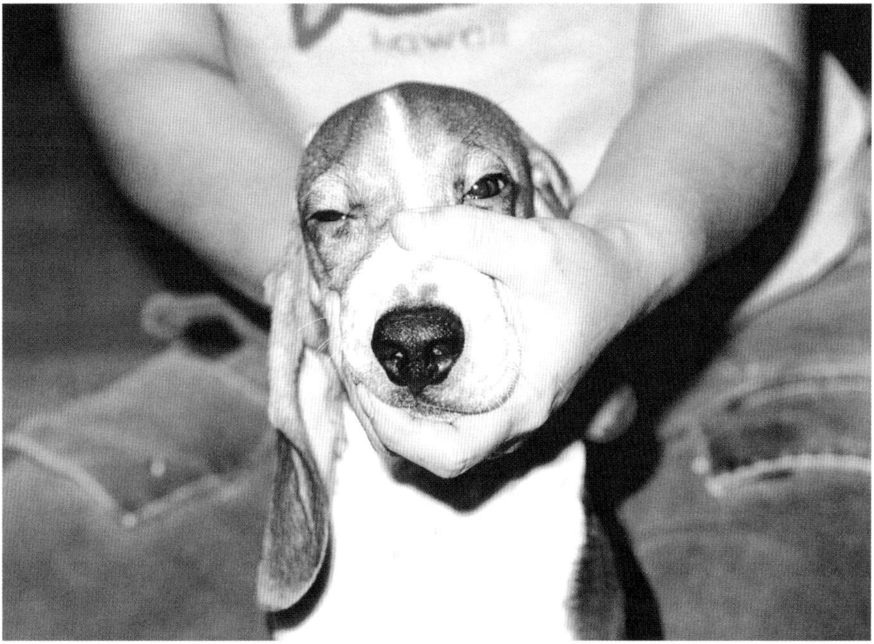

幼犬咬東西是一件自然的事情，咬東西的原因有幾個。最常見的原因是牙齒在生長過程中需要磨牙。幼犬一月齡就可以長出小小的乳牙，這時開始需要磨牙，主人也要開始提供磨牙的玩具，隨著幼犬的成長，乳牙會脫落，脫落後會長出永久齒，這個過程會持續到約六月齡時。這段期間幼犬磨牙最厲害，也是主人教導幼犬咬正確玩具的時候，同時要提供充足的玩具滿足幼犬咬東西的慾望。

除了磨牙的原因，幼犬如果太無聊也會亂咬東西，通常發生在主人長時間不在家，而幼犬被單獨被留在家中時，由於沒有體力發洩的管道，於是亂咬東西就成爲發洩的最佳管道。如果你是

長時間不在家的主人，建議你把幼犬放在狗籠內，並且把牠喜歡的玩具一併放在裡面，讓牠既可以發洩咬東西的慾望，又不會把你的傢俱和鞋子等咬壞，如果幼犬還不習慣待在狗籠裡，請先作好籠內訓練。此外，可以讓收音機或電視持續開著，讓幼犬覺得有人陪伴，減少孤獨無聊的感覺。

另外，提供給幼犬乾糧，也是一種提供牠咬的機會，對於糾正亂咬東西的習慣也有不小的幫助。

## 為幼犬選擇適當的玩具

選擇適當的玩具，除了讓幼犬打發無聊的時間，而且也提供磨牙的機會。市面上的玩具很多樣，原則上，只要是不會被幼犬咬成碎片而誤食的玩具都可以。有些主人會拿自已的舊衣服或是舊鞋給幼犬玩，但是幼犬不會分辨東西的新舊，牠們只會根據味道來分辨物品可不可以咬，拿舊衣服或是舊鞋給幼犬玩，反而會造成幼犬的混

淆，主人也會損失昂貴的衣服或鞋子。提供幼犬愈簡單的玩具，牠就愈容易學習分辨可以咬的東西。

購買較硬的橡膠製成的玩具或是尼龍骨是最適合的，這些玩具原本就是設計用來磨牙的；有些沒有味道，有的具有不同的口味，更吸引幼犬去咬。另外有一些生皮作成的玩具，因爲它的材質較軟，容易被幼犬吞入而造成腸胃阻塞，所以要十分小心。等幼犬到了六月齡，過了磨牙期後，可以給牠其他的玩具，例如：飛盤、球等，但仍要確保幼犬不會破壞、誤

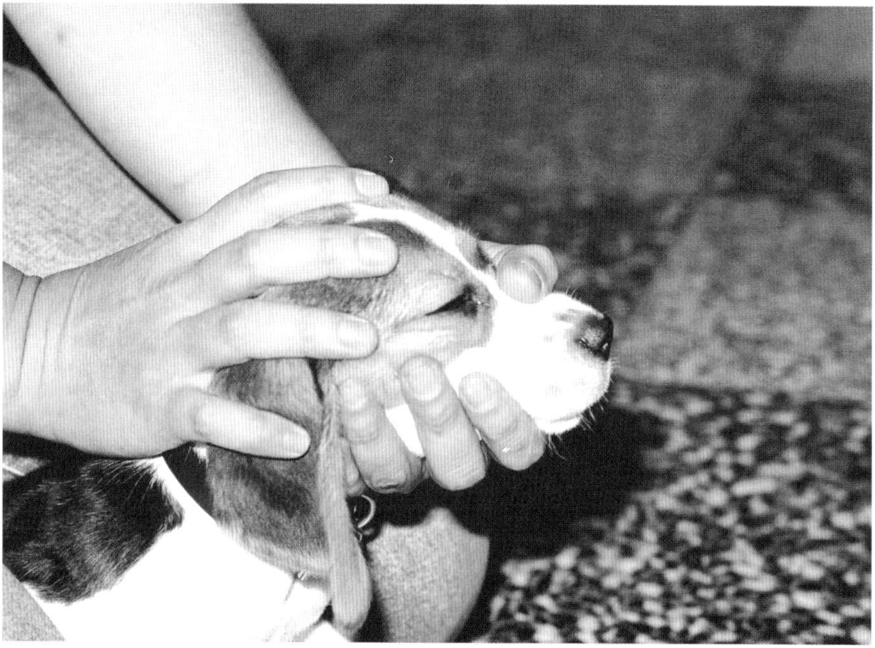

食這些玩具。

## 每次和牠玩得太興奮，牠就會咬人

對於野生的犬隻而言，牙齒是牠們和其他同伴溝通的工具，也是牠們在野地生存的武器。幼犬約兩個月開始，母犬會開始教幼犬捕獵技能，當然運用牙齒是技能之一。但是一般家庭犬，主人變成了幼犬的同伴，於是牠就本能的用牙齒來和主人溝通；可是在現實的生活中，主人提供充足的食物和滿滿的愛，我們不希望幼犬的牙齒用來咬傷人類，尤其是主人的身上；幼犬一旦開始咬你的手或腳，要當場糾正牠，以免衍生成攻擊行為。糾正的方式和亂咬東西的方式是一樣的：用手抓住牠的嘴巴，使牠的嘴合起來，並搖晃一

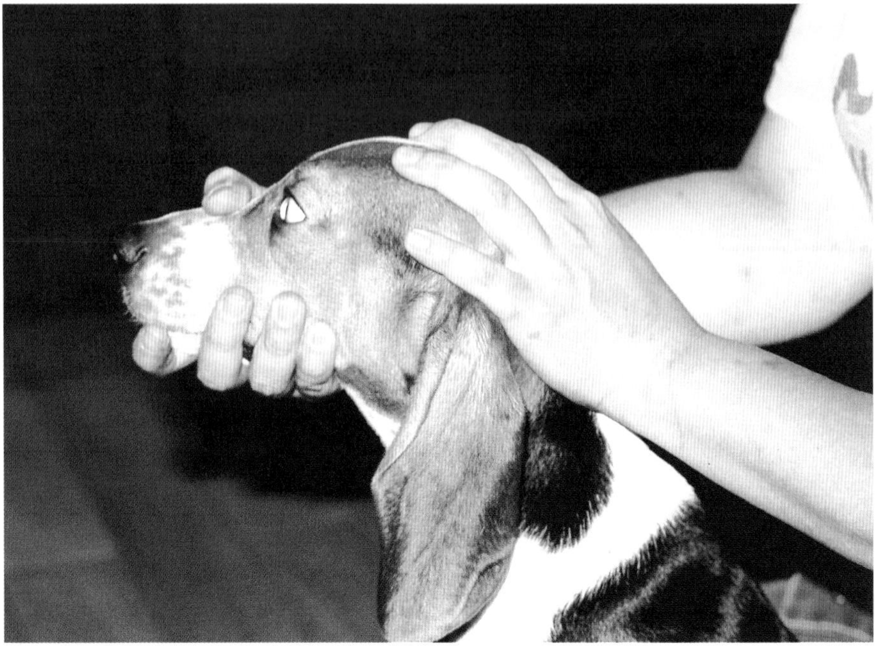

下嘴巴，同時說「不行、不可以、NO」，記得不要發脾氣，直到幼犬心服口服，不再掙扎爲止。再用自已的手放進幼犬的嘴巴，測試牠會不會咬，牠仍然會咬你的手指，必須立即糾正牠，如果牠用舌頭把你的手指推出來，你要開心的讚美牠。每次和牠玩耍時就要作小測試，讓不咬人的觀念深植在幼犬的心中，而且提供牠可以磨牙的玩具，那麼牠長大也不會咬人，而且可以讓主人安心的餵藥和刷牙囉。

## 牠不咬人，但是舔得我到處都是口水

很多人以為狗狗舔人是非常友善的表現，然而其背後的意義卻不僅如此；生長在野地的犬隻，在一月齡至二月齡時要從吸母狗奶的幼犬，轉變成吃固體食物的幼犬。在尚未可以吃完全固體食物前的食物稱為「離乳食物」，而野外的離乳食物來自於母犬反芻，母犬飽食回巢後，幼犬會興奮的又叫又跳，撲到母犬身上並且舔母犬的喉嚨和嘴巴周圍，刺激母犬反芻而取得食物。所以舔舐的動作對幼犬而言是想吃東西。但是你的狗如果是口水超多的犬種，舔舐的動作會變成一種困擾，糾正的方法和糾正咬人的方法是一樣的。要持之以恆，糾正狗狗不舔比糾正狗狗不咬人所花費的時間往往更多。

## 牠吃東西或玩玩具時有人靠近，就會兇

保護自已的食物和自已擁有的東西，對野生犬隻而言是爲了求生存以及保有地位的象徵；一般家庭犬如果沒有視自已的主人爲領袖，就會發生這樣的情形。爲了避免主人眞的受傷，可以在吃飯前先將幼犬套上項圈和拉繩，在牠吃食物的時候，把手向食物和幼犬靠近，如果幼犬有不友善的情緒，就利用項圈和拉繩作糾正（其方法請參考項圈和拉繩的訓練），直到主人可以在幼犬進食時任意移走牠的食物，並且在牠進食同時觸摸幼犬的全身。從小就要把這個壞習慣去除，以後才不會發生眞的攻擊，尤其對於好奇無知的小孩，更是要特別小心。

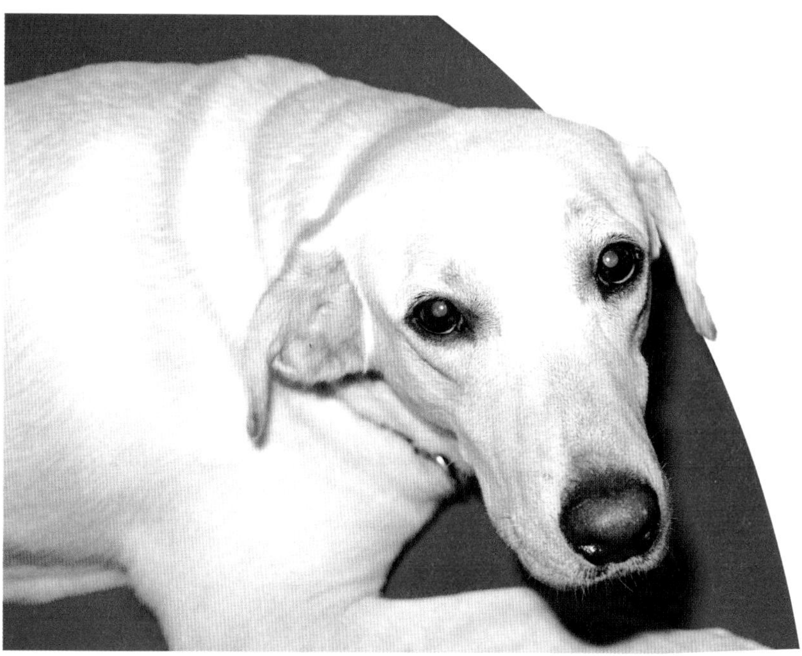

## 愛撲人

撲人的原因有幾項：

第一、就如同前面愛舔人所述，是想吃食物；

第二、犬隻的個性過於興奮，情緒常處於興奮的狀態；

第三、支配慾望強的犬隻（德國狼犬、大杜賓狗、西伯利亞哈士奇犬等等）。

不論是那一種原因，一定要適時的糾正這種行爲。也許有些人覺得狗狗繞著自已跳來跳去，撲在自已的身上、腿上是很可愛的動作，因而和牠玩得十分高興，而加強了牠的行爲，也教導牠可以用撲人來吸引主人的注意。但如果對象是小

孩，一隻大狗很容易就可以推倒小孩而發生意外；如果有一天你穿著盛裝要參加約會，來了一隻熱情愛撲人的狗，也會讓主人火冒三丈吧。基於如此，我們希望和狗狗打招呼的時候，牠的四隻腳同時著地。其實要糾正這個行爲很簡單，你可以用膝蓋頂一下或是用腳踢一下，同時說「不行、不可以、NO」，力道足夠讓牠離開主人的身上就可以。若沒有效果，就要利用項圈和拉繩作糾正，讓牠了解這個行爲是不被准許的。記得要不斷的利用機會測試牠，尤其是幼犬很興奮、有人回家時、

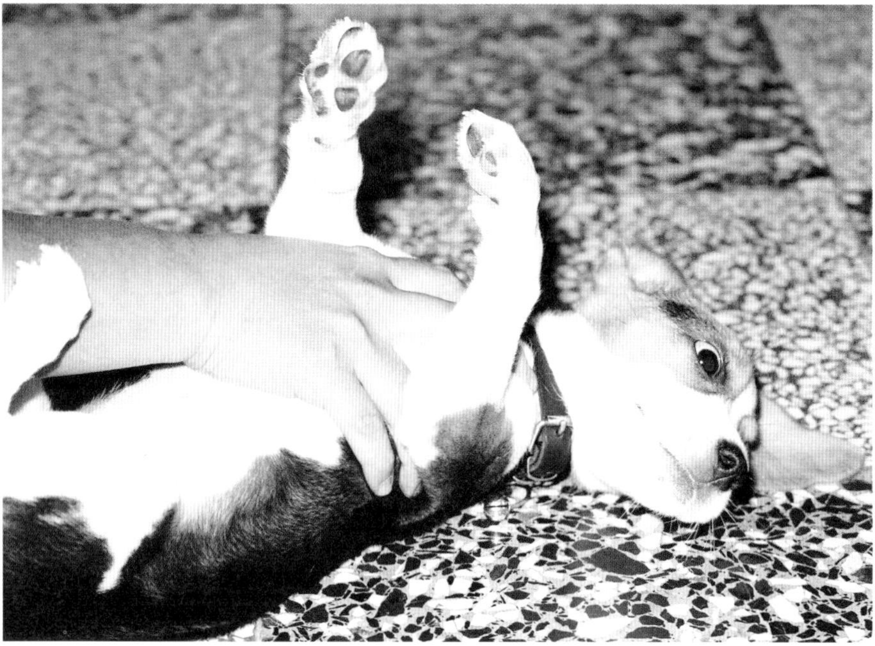

或是遇到新朋友的時候，都是訓練幼犬不要隨意撲人的好時機，如果幼犬表現良好，不要忘了爲牠的有禮貌而讚美。

## 牠真的對我有攻擊性

有些幼犬因爲基因遺傳的因素，天生具有非常強的支配慾望，這些習性在幼犬時期就會表現出來。要如何分辨狗狗眞的對你有攻擊性呢？當牠出現壞習慣時，對於主人的糾正不但不馴服，反而出現低吼的叫聲、尖叫、掙扎或是咬

人的行爲，牠的天生支配慾望，會不斷用具有攻擊和威脅的方式來挑戰主人的地位。遇到這類幼犬，我會建議交由專業的訓練師來訓練。主人如果認爲自已可以處理，可以用以下的方式來進行：首先戴上防咬手套，以免意外受傷；當你在糾正你的幼犬時，幼犬不但不馴服，而且還不斷的反抗、吼叫或是呲牙裂嘴時，立即把幼犬反過來壓在地上，使牠腹部朝上，露出鼠蹊部，試著用輕柔的聲音語調和幼犬說話，幫助牠的情緒穩定下來。這個安定的動作至少要能持續30秒以上；反之如果牠仍然掙扎反抗，絕對不能因爲牠的不服從就讓牠起來，這時要用低沈、堅定的口吻對牠說「不行、不可以或NO」，讓牠了解誰是主人，等牠情緒穩定後，再用輕柔讚美的口氣對牠說話。天生支配慾望較強的幼犬，牠會不定時顯現攻擊性，主人要作適時的糾正，只要你的糾正成功一次，牠的支配慾望就會減少一點，顯現攻擊性的次數也會逐漸減少；如果沒有辦法用上述的方式來糾正支配慾望強盛的幼犬，請諮詢專業的訓練師，

有些幼犬的主人犯了嚴重的錯誤就是：允許自已的幼犬低吼別人或別的狗，或允許幼犬對別的人、狗展現攻擊性，如果你不糾正你的幼犬，牠會認爲

具有攻擊性是對的，而且會使牠的攻擊性無法受到控制；主人以爲自已在建立幼犬的自信心，但是沒有了解到，幼犬的攻擊行爲很容易就會失去控制。

## 過度吠叫

「吠叫」是犬隻的溝通方式之一。它可以表達犬隻的情緒，包括：喜悅、興奮、警戒、哀求、抗議等。但是過度的吠叫，尤其是連主人都無法制止的吠叫，不僅主人頭痛，也會造成鄰居的抗議。狗的吠叫其實都有原因，例如：有的狗一關進籠子就叫，那就要重新作籠內訓練；有的狗看到別隻狗就吠，那就要加強對狗的社會化。所以

要找出狗吠叫的原因，才能根本解決過度吠叫的問題。事實上，愈是有良好社會化的狗，過度吠叫的機會愈少。

有陌生人接近時，我們很高興幼犬會用吠叫來提醒我們，牠叫的時候可以跟牠說「好了」或是「OK」，如果牠繼續叫，可以跟牠說「夠了」。若仍吠叫不停，就要利用糾正咬人的方式糾正牠。

汪!
汪!
HA
HA
HA

Part7

# 項圈和拉繩的訓練

# Part7 項圈和拉繩的訓練

## 項圈和拉繩的種類

**插扣式項圈：**適用於訓練四月齡以下的幼犬，為一般常見的項圈。材質分為尼龍和皮革，可依主人的喜好選擇。

**專業的訓練項圈：**通常用於四月齡以上的犬隻。如果幼犬仍未滿四月齡，卻顯出頑強、固執、支配慾望強烈，主人用一般項圈無法糾正牠的壞習慣時，就要考慮用訓練項圈。目前常見的訓練項圈有四種：

**P字鏈**：以不銹鋼製、3mm寬度的爲佳，配合犬隻的頭圍，選擇不同的長度，不銹鋼的邊緣應平滑，以免拉扯到犬隻的毛髮；**HEAD COLLAR**：大多爲尼龍製，依據犬隻頭部和口吻的大小來選擇尺寸。不論想要用那一種專業的訓練項圈，都要由專業的訓練師來教導正確的使用方式，避免因使用不當而造成犬隻的不適。

**尼龍拉繩**：爲一般最常見的拉繩，分爲不同的厚度和長度，可依犬隻的大小和主人的喜好選擇。但是如果犬隻太過動，主人的手部較易受傷疼痛。

**皮拉繩**：多爲專業訓練時使用，選擇5－6英呎的長度、3/8英吋寬度適合小型犬或體重小於10公斤的幼犬、1/2英吋寬度適於其他犬隻。訓練時，握感舒適，不會讓手受傷。

**可伸縮拉繩**：具有方便性，但如果犬隻未受訓練，拉繩可能會割傷人的腿部，使用時要十分小心。

## 先讓幼犬適應項圈

在幼犬的身上加上任何東西，一開始牠一定無法馬上適應，有的幼犬會趴在地上不敢動、變得狂躁、用腳一直抓搔頸部，爲了避免不適應，第一天只先戴項圈，剛戴上時，先陪幼犬玩耍一下，讓牠轉移注意力；第二天再扣上拉繩，讓幼犬在家中隨意的走動，適應有拉繩的感覺；第三天再牽著幼犬走動，鼓勵牠跟主人一起走；幼犬完全適應後，如果幼犬走得太快而拉扯壓迫自已的頸部，就用拉繩作糾正。

## 使用項圈和拉繩作糾正

手中握著拉繩，保持項圈和拉繩的放鬆，但是不能讓拉繩拖在地上，要糾正的時候，用手腕的力量作短暫且快速的拉一下後隨即放鬆，並且同時說「不可以」、「不行」或是「NO」，這時候幼犬會停下來或是把腳步放慢，不再拉扯，主人要讚美牠並鼓勵牠繼續跟著主人走。如果牠會咬拉繩，快速把拉繩從嘴中抽出，並且同時說「不可以」、「不行」或是「NO」，多作幾次，幼犬就會明白了。

# 結語：關於幼犬

## 幼犬的個性

幼犬人類一樣，體內的基因帶來先天的性格，有的是外向活潑，有的是內向害羞；有的天生支配慾強，有的天生懦弱膽怯。然而先天的因素不代表全部，當幼犬的感官逐漸發育的同時，也是牠接受後天教育的開始，先是牠的母親，再來是牠所接觸的所有人、事、物都會影響幼犬的最終個性。

許多人以爲養了一隻拉不拉多犬，就會和電影中的「可魯」一樣溫馴、忠誠、聰明、通人性，殊不知牠也是經過一段長時間的社會化和訓練。因爲品種的篩選，讓純種狗的天生個性保留下來，但是即便是同一種犬種，其每一隻狗的個性也有很大的差異性。

透過適當的社會化和訓練，可以把幼犬的天生優點發揮到最極致，也可以把性格和行爲的缺點改正。

## 愛、尊重和信任

大部份的犬隻生來就知道人類的地位高於牠們，但是有些人對牠們的方式錯誤，而造成許多行爲問題、社會問題。你必定是愛一隻狗，所以

決定養牠，願意負責牠一輩子的生活。我們不是要一隻可以跳火圈的狗，也不是要一隻可以參加比賽得冠軍的狗；我們要的是可以聽懂我們的話、和我們溝通的狗。透過訓練，當你叫牠時，牠就會來到身邊，可以和小孩子溫柔的玩耍，可以和年長的人作伴；由於彼此的信任，牠可以享受主人對牠作的每一件事，成爲眞正的伴侶動物。

# 附錄一：幼幼班教學實際案例

## 案例一

寵物基本檔案

姓名：seven

品種：吉娃娃

年齡：三月齡

**主人的話：**Seven是我們家十二隻狗的其中之一，我一直是把我們家的狗狗當作自已的小孩來教養，也希望他們都能成爲健康、有自信、快樂又人見人愛的小朋友。Seven是我們家目前年紀最小的，他讓我最頭痛的就是「在外一條蟲；在家一條龍」，每次外出的時候都顯得很膽小，而且會不停發抖，不知道的人以爲我都虐待牠，其實牠在家裡是小霸王呢！當初帶Seven來參加幼幼班，就是希望牠可以把膽子練大一點，不要那麼害怕沒接觸的事物，或是攻擊其他的狗狗。很高興謝醫師開了幼幼班的課程，讓我知道如何引導狗狗適應新的事物，以及如何稱讚牠，雖然在上課的時侯，Seven只要遇到大的聲音就會退縮，但是漸漸地牠變得比較勇於面對挑戰、走路時顯得有自信多了。尤其是最後一堂課中，走翹翹板時，從開始都不敢走上翹翹板，經過練習後，牠都可以自信的走完全程，眞是太棒、太驕傲了。有點可惜的事，幼幼班怎麼不早開課，不然我們的牛頭梗，「咆」就不會老是和吉娃娃們吵架，而且也不會不讓我清潔耳朵了。不過我現在也開始慢慢訓練牠，雖然進度很慢，可是我會繼續努力，牠也認眞在學習呢！養狗是一輩子的甜蜜負擔，我只在乎會經給牠的幸福和快樂，所以我會加油，給我的愛犬最大的幸福和快樂。大家也要和我一起加油喔！

**訓練師的話：Seven主人的家中共有十一隻**

吉娃娃犬和一隻牛頭梗犬，可以想像家中是多麼熱鬧的景象。主人在家中最大的困擾是：「咆」是一隻熱情洋溢、活潑好動的牛頭梗，每次看到吉娃娃就興奮很想要和牠們打滾、玩成一片；可是咆的熱情，吉娃娃們卻無福消瘦，每次咆很興奮想吉娃娃們玩，吉娃娃們卻是一致團結對抗咆，在吉娃娃的團結吠叫下，咆當然也不甘示弱的回敬，甚至有一次還把其中一隻吉娃娃的眼球咬傷了，送來醫院急救。

吉娃娃是屬於小型犬，如果對於較大體型的狗沒有好感的話，當較大體型的狗靠近時常會帶有害怕的情緒，而害怕的情緒展現出的反應可能

是趕快躲起來，以免受到威脅；也有可能以吠叫來喝阻，看看是否大狗不會有進一步的動作。這個家庭中的吉娃娃共有十一隻，所以是一個大團體，團結力量大，以爲可以用喝阻的方式來阻止咆的熱情，偏偏咆的熱情和活力比十一隻吉娃娃的力量還大，所以受傷的總是吉娃娃。

難道沒有解決之道嗎？訓練的目標是要加強小型犬的自信心，不要畏懼中大型犬；中大型的訓練目標是和狗打招呼的方式要緩慢溫柔，甚至等待小型犬自動上前打招呼。

我們在幼幼班的課程中，利用不同的活動方式，漸漸強化Seven的自信心。也讓Seven可以多接觸其他不同體型的狗，學習和其他狗相處。

希望主人可以多多讚美Seven所展現的自信心，可減弱牠畏縮的行爲。如此一來，我希望Seven可以成爲咆在家中的第一隻要好的狗朋友。

## 案例二

### 寵物基本檔案

姓名：麻吉

品種：拉不拉多獵犬

性別：公

年齡：三個月又兩週

**主人的話**：爲家中寵物施打疫苗做健康檢查時，與醫師聊起了拉布拉多犬一些習性，在交談中也了解到，其實牠的行爲特質不若飼育手冊描述中如此簡單，尤其是牠較爲活潑外向，對於主人的指令不一定願意遵從。感覺上有些頑強，加上牠經常啃咬傢俱或在玩耍時會過度興奮而亂咬，爲顧及家中尚有幼兒及老人，便聽從專業醫師建議，接受幼犬教養之課程，希望能改善其行爲模式。

在上課前，我與先生以爲只是單純針對寵物進行訓練，正式參加時才了解原來主人不是只有陪同而是要「參與」。

剛開始有些彆扭，而且回家時常會不自覺忘

記上課時的教導手法，並不是課程困難，而是回家後慣性會以先前錯誤方式對待他，但後來耐心改正，再經過幾星期的訓練，現在牠已經有相當大的進步，以前的壞習慣也都在改進中，只要持之以恆，相信牠一定會變成很優秀的家庭犬。

我與先生在課程結束後，覺得這個課程給了我們很棒的經驗，而且在課程中我們學習到了與家中寵物互相溝通並了解其行為，是一個相當大的收穫。我也在無意中發現這套課程有些部分甚至對一歲左右的幼兒也很有效，這是另一方面的驚奇。我們沒有期望牠會成為優秀的工作犬，我們只是單純的愛牠、善待牠，因為我們知道牠會在牠有限的生命中將牠的熱情奉獻給一家人，就

像牠總是和兒子玩追逐遊戲。兒子不在時，牠不會上去兒子的小床睡，但兒子一到假日回家時，牠總在半夜偷偷溜上孩子的小床，硬是要擠在一起，雖然不該偷溜上床，但也只好睜一隻眼閉一隻眼，我們以後要一起拍全家福呢！

在此，想告訴所有想要養狗或已經養狗的飼主，要準備好照顧牠的一生，耐心以對。不論牠外表美醜，資質好壞，你付出一分的愛，牠回報的，是全部的愛。

**訓練師的話：**在大部份人的印象中，拉不拉多獵犬很溫馴，不論看到誰都會表現牠的熱情、是不會吠叫、不會咬人、不會顧家的狗；但是實際上，拉不拉多獵犬是精力十足的狗，可以和人類一起上山下海，而且非常會使用聲音來表達情緒，所以壞人來，牠也會警覺地吠叫。這種精力旺盛的犬種，本來應該要養在大的空間，或是喜好從事戶外活動的主人飼養，可是牠們現在大部份被養在狹小的公寓中，而大部份的主人又過於忙碌，所以許多的行爲問題就自然衍生。

主人帶麻吉來打預防針的時候，在診療台上一刻不得安靜，而且不斷吠叫。當然牠是拉不拉多獵犬，本來就精力充足，但是如果沒有教導牠何時該安靜下來、何時不可以叫，那最後困擾的是主人自已，甚至會被鄰居抗議。拉不拉多獵犬喜歡人類作伴，這也是爲什麼這種犬種會被大量

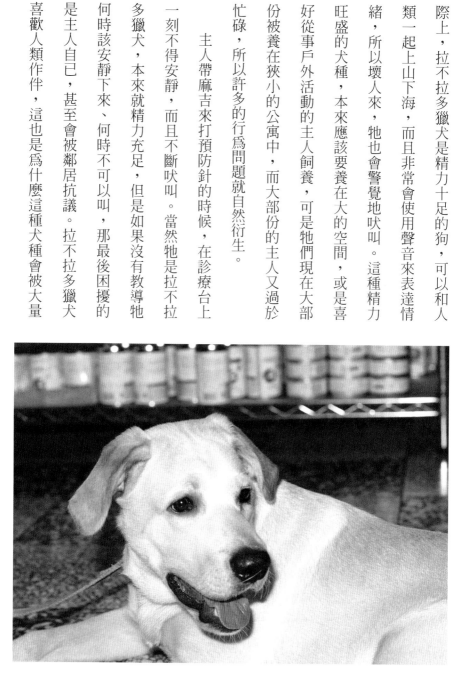

訓練成爲導盲犬。可是常常產生對人類的過度依賴感，所以在陌生的環境中只要主人離開一腳步，麻吉就忙著引領尋找，不斷吠叫來告訴主人快回到自已的身邊。麻吉的個性是很典型的拉不拉多犬性格，包括因爲有用不完的精力，所以會發洩在亂咬東西上，散步時總是拉著主人跑，看到人就熱情的撲在人身上；此外比較嚴重的是牠吃東西時，有人靠近牠，牠會有攻擊恐嚇的動作出現，也會因爲和小孩玩而咬小孩，在我眼中的麻吉可眞是一隻野性十足的狗，所以在幼幼班中要加強麻吉的獨立性，我們藉由強化牠對環境的安全感和主人的信任感來訓練牠的獨立性，同時對於牠的壞習慣也要一一糾正。

當初建議主人帶麻吉來幼幼班，是我們醫院裡另一位醫師。當我知道麻吉已經三個月又兩星期大時，其實我的心中不抱太大的希望，尤其是牠的壞習慣，主人可是洋洋灑灑地列出一張紙，我老實告訴主人，如果要麻吉在幼幼班就改掉所有的壞習慣，有點困難。可是主人並沒有因爲我的話而打退堂鼓，反而對我說她想試一試，我在主人的雙眼中看到了熱情和一份愛狗的心，我只好對主人說：「讓我們一起努力吧！」。

主人的用心讓狗的學習能力發揮到了極致，我第一次幫他們（主人和麻吉）上課時，有一半的時間是主人在抱怨麻吉的壞習慣，而且主人一直在制止狗的任意行爲，又加上小孩的聲音，眞是好不熱鬧。我依然按照進度上完第一次課程，而且給了主人滿滿的信心和鼓勵，因爲我很怕狗不好教，主人輕易就放棄了。

期待的第二次上課時，我幾乎不認識麻吉了，正所謂「判若兩

狗」！牠是麻吉沒錯，長得也像，主人也沒變，但是牠變得有禮貌、有教養，和之前的莽夫已相去甚遠。從第二堂課開始，我們的課堂上充滿了老師的上課聲和稱讚麻吉的聲音在空中迴盪。

如果您知道麻吉的壞習慣可以改正，是不是給您很大的信心？除了有正確的狗狗教養方式外，還要有一個愛狗、不放棄狗、願意爲狗付出的主人。

案例三

寵物基本檔案

姓名：**Achillis**

品種：西伯利亞哈士奇犬

性別：公

年齡：三個月

**主人的話**：想要養狗，是我和女朋友共同的決定，在養狗之前我知道狗狗愈小開始訓練，愈可以預防未來行爲的偏差。現在的網路很發達，各網站上討論狗狗教養的方式也很多，但總不能讓我比較有系統地了解狗狗教養的概念、方式。雖然搜尋了許多資料，可是我家Achillis的壞習慣仍無法得到有效的解決。牠是一隻蠻自以爲是的狗，自已想什麼就做什麼，根本不聽從我這做主人的命令。而且牠大小便的習慣，怎麼會那麼難訓練呢？正當我們在煩惱且四處找尋之際，剛好在國際寵物展上碰上在宣導「犬教養」觀念的謝醫師，在謝醫師的鼓勵下就決定帶Achillis參加幼幼班的課程。在短短的四個星期的課程，我學到了基本的教養觀念，也在結業前完成了大小便的訓練，更努力的糾正牠的壞習慣，這當中我們都學會如何和彼此溝通，而且Achillis也懂得聽我的口令了。雖然上課的時候，Achillis實在很容易分心，不是受到零食的誘惑，就是受到其他狗的吆喝，可是結業後牠可是表現得一個口令一個動作，厲害的不得了！

「狗是人類最好的朋友」這句話我完全認同。牠不僅忠心，同時也分享了我們的喜悅、分擔我們的悲傷。我希望所有想養狗或是已經養狗的人應該珍惜和狗相處的每一刻，不是只有飼養牠，也要眞了解牠，教育牠，讓牠們都能成爲聽話，

了解主人又獨立的好夥伴。

**訓練師的話**：西伯利亞哈士奇犬是目前在台灣常見的純種犬之中，和狗的祖先「狼」的血緣較相近的犬種。牠的長相像狼，披一身銀白色的毛很容易吸引主人及他人目光。我常說牠們是野性很堅強的狗，且通常具有濃厚的領袖性格。事實上，因爲牠們的血緣接近狼，所以對於社會地位的認知也比其他寵物犬來很明確，只要讓牠們了解自已在家中的地位，牠們就可以很安份守已的和人類一起生活，接受適當的社會化，可以讓牠們更信任人類，更適應人類的環境，成爲好伙伴。唯一要注意的是牠們具有強烈的獨立性格，出門時如果沒有拉繩和項圈，是走失機會極高的犬種。

Achillis的主人是一對情侶，男主人個性很靦腆，女主人看起細心、善於表達。牠的確是一隻體型和長相都很俊美的狗，我第一次接觸到牠時，也忍不住停了不來欣賞一下，在我一面欣賞一面摸牠的同時，牠的牙齒正啃蝕我的手，我的反射動作當然是抓住牠的嘴，同時跟牠說「不行」，把嘴合起來，並且試著讓牠安靜下來；記得牠那時候約有8－9公斤的體重，力氣很大，雖然在我手上，卻一直試著掙扎，個性很拗，頑強的不得了，就在不到一分鐘的時間內，我決定把牠翻過來，讓牠的腹部朝上，並且以堅定的口吻跟牠持續說「不行」，不出十秒的時間，牠停了，不再掙扎，我沒有馬上放開牠，而是讓牠很服舒得躺在地上，用輕柔的語氣不斷得讚美牠，然後才放開牠。牠站了起來，我再次摸牠，這次牠很乖，沒有再把牙齒放在我的手上。主人看完後告訴我，他們第一次看到Achillis這麼安靜，沒有把人的手當玩具。這個經驗中，Achillis學到了，不可把牙齒放在人類的手上，牠開始聽得懂什麼是「不行」，牠也知道牠至少要服從我。當然我也把方法和技巧告訴主人，讓主人在家中可以如法炮製。

我等了很久，終於等到第二次上課，Achillis看起來是穩定多了，可是當主人的手晃過牠的嘴巴時，牠的嘴巴張開好像想要咬，但是主人說牠

沒有咬，然後我就看到主人的手和牠的嘴巴在玩，互相挑釁較勁，當Achillis眞的咬下去時，主人才開始制止牠。這是主人常犯的錯誤，主人讓狗分不清楚到底可不可以咬。此外，主人在每次糾正牠咬人的時間也會愈拉愈長，而且糾正的效果愈來愈差。我讓主人再一次把手在牠的眼前晃，Achillis果然馬上把嘴張開，我請主人馬上糾正牠，也就是牠嘴一張開，就馬上糾正牠，試了三次，Achillis終於知道，主人的手不是要讓牠玩的，這個經驗讓主人知道「及時糾正」的重要性，及時糾正的效果比慢上幾秒鐘的效果好上百倍，此外也讓狗的學習速度增加百倍。

第三次上課，我看到的是一隻可以安靜坐在

主人身邊等待的狗，在我們的課程活動中也可以盡情參與、盡情表現的狗。一定會有人有疑問，這樣糾正出來的狗是不是會變得害怕主人，所以才變得安靜？答案剛好相反，這樣的狗因爲知道主人（老大）要牠做的是什麼，而什麼又是不能做的，所以牠反而更有自信、快樂，可以從牠的眼神中看出牠的自在。

不同的犬種有不同的性格特質，即便是同一種犬種的每一隻狗的性格也不盡相同。每一隻狗都是一個獨立的個體，唯有了解每一隻的個性，善用溫柔的讚美和有效的糾正，針對個別來因材施教，才能教養出心中理想的狗伴侶。

## 附錄二：植入晶片須知

植入晶片的目的就是替自己的狗報戶口。植入的方式類式和注射疫苗時是一樣，也就是將晶片用針筒注射的方式，植入動物頸背部的皮下。獸醫師會將主人和狗的資料一併登入政府的資料庫，只要利用晶片掃描機來掃描，得到狗的晶片號碼，就可以在資料庫中尋找並連絡主人。

晶片在犬隻的體內不會平白無故的消失，除非有人刻意用手術的方式取出；或是因爲犬隻打架而使晶片損壞。

最佳植入晶片的時間是犬隻接受結紮手術的時候。因爲植入晶片的針筒較一般注射針來得粗，所以植入時的刺痛感較明顯。爲了不讓狗有

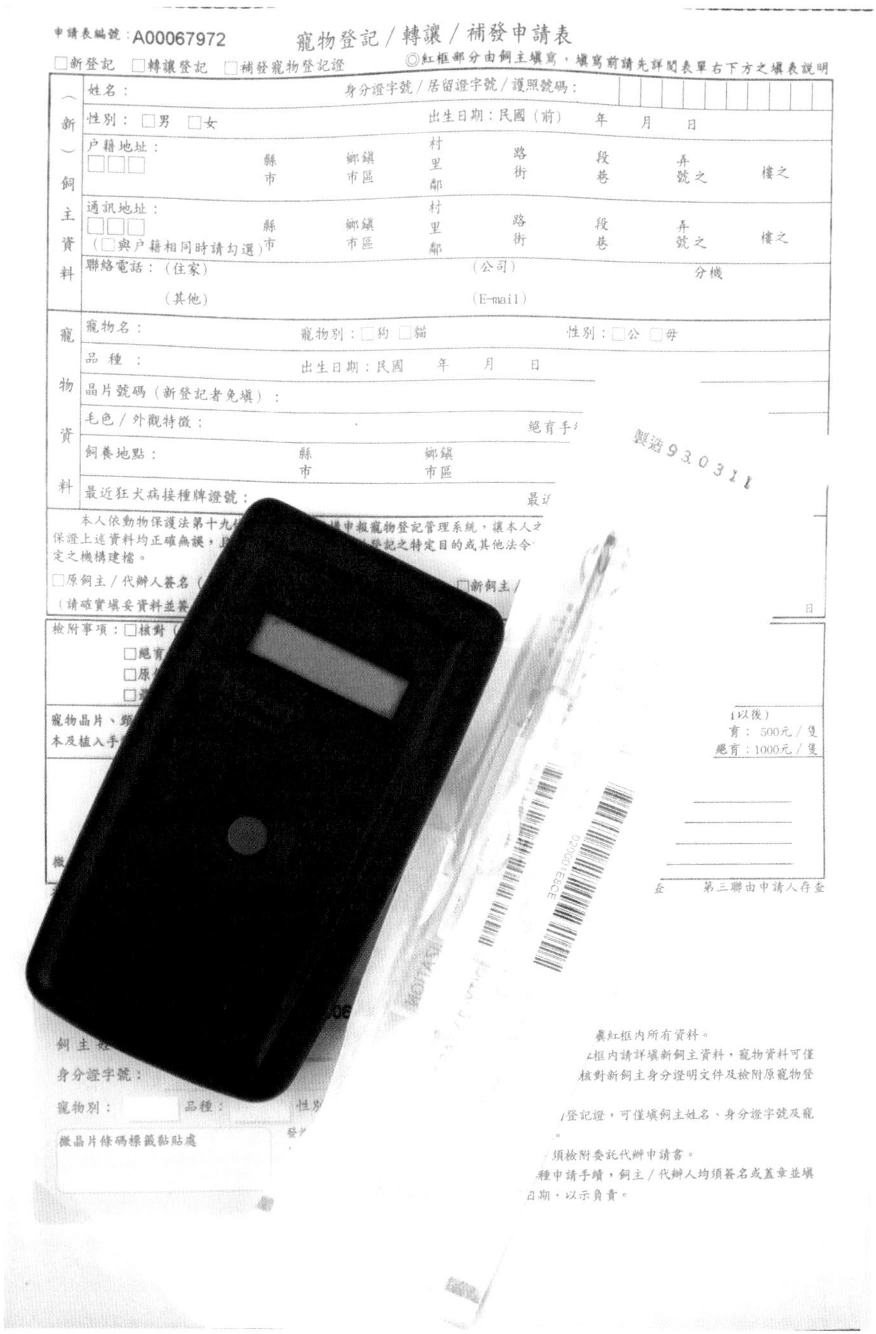
申請表編號：A00067972
寵物登記／轉讓／補發申請表
□新登記 □轉讓登記 □補發寵物登記證
◎紅框部分由飼主填寫，填寫前請先詳閱表單右下方之填表說明
（新）飼主資料
姓名：
身分證字號／居留證字號／護照號碼：
性別：□男 □女
出生日期：民國（前） 年 月 日
戶籍地址：
縣市 鄉鎮市區 村里鄰 路街 段巷 弄號之 樓之
通訊地址：
（□與戶籍相同時請勾選）
聯絡電話：（住家） （公司） 分機
（其他） （E-mail）
寵物資料
寵物名：
寵物別：□狗 □貓
性別：□公 □母
品種：
出生日期：民國 年 月 日
晶片號碼（新登記者免填）：
毛色／外觀特徵：
絕育手
飼養地點：
最近狂犬病接種牌證號：
製造930311
第三聯由申請人存查
飼主
身分證字號：
寵物別：
品種：
微晶片條碼標籤黏貼處

不好的記憶，所以建議在手術麻醉時同時植入晶片。當然如果犬隻對疼痛的忍受度足夠，也可以直接植入。

目前國內所使用的晶片廠牌有三種：AVID、TROVAN和WARTRON。並非每一台晶片掃描機均可以讀取三種廠牌的晶片，所以帶走失的犬隻要去醫院掃描晶片時要詢問清楚。另外如果主人有搬家、換主人…等的情形，應到就近的獸醫院來更新資料，以免有找不到主人的困境。

GUIDE BOOK 710
書名 幼犬教養事典
作　者　　　謝旻莉
攝　影　　　謝旻莉
美術編輯　　張志鳴
文字編輯　　沈曼菱
發行人　　　陳銘民
發行所　　　晨星出版有限公司
台中市407工業區30路1號
TEL：（04）23595820 FAX：（04）23597123
E-mail：service@morningstar.com.tw
http：//www.morningstar.com.tw
行政院新聞局局版台業字第2500號
法律顧問　　甘龍強律師
印　製　　　知文企業（股）公司 TEL：（04）23581803
初　版　　　西元2005年 5月1日
總經銷　　　知己圖書股份有限公司
郵政劃撥：15060393
〈台北公司〉台北市106羅斯福路二段79號4F之9
TEL：（02）23672044 FAX：（02）23635741
〈台中公司〉台中市407工業區30路1號
TEL：（04）23595819 FAX：（04）23597123

定價 250 元 (缺頁或破損的書，請寄回更換)

**國家圖書館出版品預行編目資料**

幼犬教養事典：你可以教小狗做的事完全密笈!
/ 謝旻莉撰文/攝影. -- 初版. -- 臺中市：
晨星, 2005[民94]
面； 公分. -- (Guide book ; 710)

ISBN 957-455-834-7(平裝)

1. 犬 - 飼養 2. 犬 - 訓練

437.66 94004040

# ◆讀者回函卡◆

**讀者資料：**

姓名：＿＿＿＿＿＿＿＿　　性別：☐ 男　☐ 女

生日：　／　／　　身分證字號：＿＿＿＿＿＿＿＿

地址：☐☐☐＿＿＿＿＿＿＿＿＿＿＿＿＿＿

聯絡電話：　（公司）　（家中）

E-mail ＿＿＿＿＿＿＿＿＿＿＿＿＿＿

職業：☐ 學生　☐ 教師　☐ 內勤職員　☐ 家庭主婦
☐ SOHO族　☐ 企業主管　☐ 服務業　☐ 製造業
☐ 醫藥護理　☐ 軍警　☐ 資訊業　☐ 銷售業務
☐ 其他＿＿＿＿＿＿

購買書名：＿＿＿＿＿＿＿＿＿＿＿＿＿＿

**您從哪裡得知本書：** ☐ 書店　☐ 報紙廣告　☐ 雜誌廣告　☐ 親友介紹
☐ 海報　☐ 廣播　☐ 其他：＿＿＿＿＿＿＿＿

**您對本書評價：（請填代號 1. 非常滿意　2. 滿意　3. 尚可　4. 再改進）**

封面設計＿＿＿＿版面編排＿＿＿＿內容＿＿＿＿文／譯筆＿＿＿＿

**您的閱讀嗜好：**

☐ 哲學　☐ 心理學　☐ 宗教　☐ 自然生態　☐ 流行趨勢　☐ 醫療保健
☐ 財經企管　☐ 史地　☐ 傳記　☐ 文學　☐ 散文　☐ 原住民
☐ 小說　☐ 親子叢書　☐ 休閒旅遊　☐ 其他＿＿＿＿＿＿＿＿

**信用卡訂購單（要購書的讀者請填以下資料）**

| 書　名 | 數　量 | 金　額 | 書　名 | 數　量 | 金　額 |
|---|---|---|---|---|---|
| | | | | | |
| | | | | | |
| | | | | | |
| | | | | | |

☐VISA　☐JCB　☐萬事達卡　☐運通卡　☐聯合信用卡

- 卡號：＿＿＿＿＿＿＿＿　•信用卡有效期限：＿＿＿＿年＿＿＿＿月
- 訂購總金額：＿＿＿＿＿＿元　•身分證字號：＿＿＿＿＿＿＿＿
- 持卡人簽名：＿＿＿＿＿＿＿＿（與信用卡簽名同）
- 訂購日期：＿＿＿＿年＿＿＿＿月＿＿＿＿日

填妥本單請直接郵寄回本社或傳真(04)23597123

請填妥後對折裝訂，直接投郵即可，免貼郵票。

| 廣告回函 |
| --- |
| 台灣中區郵政管理局 |
| 登記證第267號 |
| 免貼郵票 |

407
台中市工業區30路1號

# 晨星出版有限公司

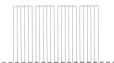

請沿虛線摺下裝訂，謝謝！

## 更方便的購書方式：

**(1)信用卡訂閱**　填妥「信用卡訂購單」，傳真至本公司。
或　填妥「信用卡訂購單」，郵寄至本公司。

**(2)郵政劃撥**　帳戶：知己圖書股份有限公司　帳號：15060393
在通信欄中填明叢書編號、書名、定價及總金額即可。

**(3)通　　信**　填妥訂購人資料，連同支票寄回。

◉如需更詳細的書目，可來電或來函索取。

◉購買單本以上9折優待，5本以上85折優待，10本以上8折優待。

◉訂購3本以下如需掛號請另付掛號費30元。

◉服務專線：(04)23595819-231　FAX：(04)23597123
E-mail:itmt@morningstar.com.tw